国家自然科学基金面上项目(41674017)
国家自然科学基金重点项目(41731071)
国家中国大陆构造环境监测网络项目(CMONOC) 联合资助
中国地质大学(武汉)研究生教育教学改革研究项目(YJG2019206)

空间对地观测系列丛书

GNSS 高精度数据处理
——GAMIT/GLOBK 入门
GNSS GAOJINGDU SHUJU CHULI
——GAMIT/GLOBK RUMEN

邹 蓉 陈 超 李 瑜 张双成 编著

图书在版编目(CIP)数据

GNSS 高精度数据处理——GAMIT/GLOBK 入门/邹蓉等编著.—武汉:中国地质大学出版社,2019.9(2023.1重印)
ISBN 978-7-5625-4566-8

Ⅰ.①GNSS…

Ⅱ.①邹…

Ⅲ.①卫星导航-全球定位系统-数据处理

Ⅳ.①P228.4

中国版本图书馆 CIP 数据核字(2019)第 195387 号

GNSS 高精度数据处理——GAMIT/GLOBK 入门	邹 蓉 陈 超	编著
	李 瑜 张双成	
责任编辑:李应争	责任校对:周 旭	
出版发行:中国地质大学出版社(武汉市洪山区鲁磨路388号)	邮政编码:430074	
电 话:(027)67883511　　传 真:(027)67883580	E-mail:cbb@cug.edu.cn	
经 销:全国新华书店	http://cugp.cug.edu.cn	
开本:787 毫米×1 092 毫米 1/16	字数:333 千字	印张:13
版次:2019 年 9 月第 1 版	印次:2023 年 1 月第 2 次印刷	
印刷:武汉市籍缘印刷厂	印数:2001—3000 册	
ISBN 978-7-5625-4566-8	定价:68.00 元	

如有印装质量问题请与印刷厂联系调换

序

　　自20世纪90年代以来,以美国全球定位系统(GPS)为代表的全球卫星导航系统(GNSS)相继问世,为空间定位导航技术的发展带来了革命性的变化。GNSS技术广泛的民用和军事需求,也极大地促进了我国卫星导航定位系统的发展。自1994年开始启动北斗卫星导航系统(BDS)建设以来,我国自主研发、独立运行的北斗卫星导航定位系统经历了试验系统、区域系统、全球系统三代的迭代升级,优化完善了星座布局,与美国的GPS、欧盟的伽利略(GALILEO)以及俄罗斯的格洛纳斯(GLONASS)共同组成全球四大GNSS系统。GNSS以其全天候、高精度、全球覆盖等优点,在导航定位、大地测量、工程测量、地壳形变监测和地球动力学等领域发挥着重要作用,成为信息和智能时代的重要基础设施和信息与智能产业的重大支撑技术,与国家安全、国民经济和社会民生息息相关。同时也对GNSS高精度数据处理的空间准确性、应用时效性和在复杂环境中的系统稳定性提出了更高的要求。邹蓉博士十几年来,一直从事卫星导航高精度数据处理的教学及科研工作,熟悉数据处理过程中的重点和难点。此次,由邹蓉博士牵头,聚集该领域有着丰富经验的一批青年学者,把握行业发展需求,合力编写了《GNSS高精度数据处理——GAMIT/GLOBK入门》一书,旨在降低数据处理的进入门槛,推动高精度定位技术的应用,为我国GNSS高精度数据处理提供人才支持。本书作为一本在GNSS高精度数据处理方面的专业性教材,有着诸多特色。

1. 面向需求实用性好

　　当前,随着我国独立自主研发的北斗全球卫星导航定位系统(BDS-3)开始为亚太和"一带一路"等地区提供服务,并将于2020年底向全球提供包括通信、搜救和星基增强等多种服务的进行,我国及周边国家在GNSS高精度数据处理方面人才需求量急剧增加。本书作为一本面向需求的实用性很强的GNSS高精度数据处理教材,系统地介绍了GNSS高精度数据处理的理论、方法,并且基于美国麻省理工等院校研发的国际著名的GNSS高精度数据处理通用性软件"GAMIT/GLOBK",对软件的设计思路、操作流程、数据分析、结果评价、领域应用和常见错误分析等诸多方面都作了详尽而具体的介绍和数据处理案例示范。因此本教材不仅便于初学者系统地掌握GNSS高精度数据处理的总体思路、需求分析、解决方案和难点应对的基本技能,而且也能启发学生举一反三来提升他们掌握其他类似软件和学会编制软件模块的能力,较好地顺应了科学研究和工程实践的不同类用户对GNSS高精度数据处理人才能力培养的实际需求。

2. 面向问题专业性强

21世纪的大学教材正在从面向学科和专业知识系统性出发转向面对科学技术中的问题和工程应用中的问题出发开展教材编写。其目的是培养学生今后为服务社会必须掌握的提出问题、分析问题和解决问题的核心能力。十分可喜的是，本书作者自觉或不自觉地在编写这本教材时实践和探索了这一新原则。本书编写没有拘泥于GNSS高精度数据处理的理论和方法上的完整性、系统性的传统教材方式，而是从高精度数据处理中的问题出发进行梳理，首先拎出了学生概念最难厘清的两个科学问题，即涉及定位导航解决的时间空间本质认知问题，对坐标系统和时间系统予以了精到的介绍；接着，在技术问题上围绕预处理、精处理、后处理三个关键环节，以软件使用操作为核心，开展了教学论述；最后，针对处理结果在空间坐标上的误差分析以及在时间域内误差序列分析这些难点，结合不同软件介绍了处理结果的精度评价及应用方式。深入浅出而又不失专业性，十分有利于帮助读者能够深入了解数据处理的理论方法和整套流程。

3. 面向应用跨学科交叉跨界融合好

当前，解决国家经济和社会发展的需求以及解决各类科学、工程、技术问题，靠单一的学科技术是难以完成的，必须是多学科的交叉和多专业、多行业的跨界融合。因此培养复合型、高层次创新型人才已成为培养人才的首要任务。从这一趋势出发，本书把GNSS高精度数据处理相关内容与其他学科以及工程问题紧密结合，详细介绍了GNSS导航定位技术在精密测绘、城规勘测、铁道交通和地震监测等行业部门中的具体应用。例如介绍了GNSS在高速铁路框架控制网、省市区域CORS基准站稳定性分析以及青藏高原南部地区垂直形变的季节性波动中的应用。内容丰实，讲述详尽，有利于读者在熟练掌握GNSS高精度数据处理技能的同时，适当拓宽自身视野，提升跨学科思维能力，在工程实践中拥有更多的技能和优势。

综上所述，本书作者应对国家经济转型、科技革命的新趋势做出了一些新的探索。本书不同于其他GNSS原理技术相关教程，特点是从科学和工程实例应用问题出发，指导读者熟悉并掌握GNSS高精度数据解算原理与软件解算实践操作，并结合科技前沿与多学科交叉融合解决实际应用问题。相信本书的出版能够推动卫星导航技术的广泛应用。由此，我认为，本书不仅是一本适合大学相关专业本科生和研究生掌握GNSS高精度数据处理理论、方法、软件应用与研发的实用教材，也是从事该行业的科研工作者、生产技术人员进一步为深度学习和掌握卫星定位和导航方法和应用的有益的参考书。

中国工程院院士
2019年11月

前 言

全球卫星导航系统(Global Navigation Satellite System,GNSS)目前包括美国的GPS(Global Positioning System)、俄罗斯的GLONASS(Global Navigation Satellite System)、欧洲的Galileo和中国的北斗卫星导航系统BDS。此外还包括区域系统和增强系统,其中区域系统有印度的IRNSS(Indian Regional Navigation Satellite System)和日本的QZSS(Quasi-Zenith Satellite System),增强系统有美国的WAAS(Wide Area Augmentation System)、日本的MSAS(Multi-Functional Satellite Augmentation System)、欧盟的EGNOS(European Geostationary Navigation Overlay Service)、印度的GAGAN(GPS-Aided Geo-Augmented Navigation)以及尼日利亚的NIG-GOMSAT-1等。

20世纪70年代,美国陆海空三军开始联合研制新一代卫星定位系统GPS。1978年,试验卫星开始发射;1989年,Block Ⅱ GPS卫星发射,真正实现了高精度全天候的连续定位和授时,宣告GPS系统进入实用组网阶段;1993年底,GPS星座(21+3)建成。苏联虽然早在1957年就成功地发射了第一颗人造地球卫星,且于1968年就提出了卫星导航系统构想,但由于种种原因,直到1976年才正式启动GLONASS项目。由于GLONASS卫星的设计寿命较短以及受到苏联解体的影响,GLONASS发展曾一度停滞。20世纪90年代起,俄罗斯继续研发GLONASS系统,并于2007年开始运营,向俄罗斯境内用户提供卫星定位及导航服务,2009年,其服务范围拓展到全球。GLONASS的出现,打破了GPS的垄断地位,但是由于使用方便、前期用户众多,GPS在卫星导航定位领域依然独树一帜。Galileo计划由欧洲航天局(ESA,简称欧空局)和欧盟共同发起,可提供高精度的定位服务,实现完全非军方控制、管理,具有覆盖全球的导航和定位功能。中国从20世纪后期开始探索卫星导航系统的发展,提出了分三步走的思路:2000年底,建成北斗一号系统,向中国提供服务;2012年底,建成北斗二号系统,为亚太地区提供服务;计划在2020年左右,建成北斗三号系统,向全球提供定位、导航和授时服务。自此,GNSS的"四大门派"形成,将GNSS的应用推向了全面的"多频多模"时代。四大卫星导航定位系统的出现,使得各地可视卫星数目增多,分布更加均匀,利用四大系统(多模)和多种频率(多频)联合定位的精度更高,解的稳定性更好,这无论对于科研还是应用都是前所未有的机遇。

随着GNSS迅猛发展,GNSS导航定位技术在不同领域广泛应用,利用高精度定位数据开展的应用研究逐渐深入。更随着中国"北斗"走向世界的进程,催生了国内卫星高精度定位的需求。在GNSS高精度数据解算方面，目前国际上著名的软件主要有：美国麻省理工学院(MIT)和海洋研究所(SIO)联合研制的GAMIT/GLOBK软件、瑞士伯尔尼大学研制的BERNESE软件、美国喷气推进实验室(JPL)研制的GIPSY软件和武汉大学卫星导航定位技术研究中心研制的PANDA软件等。GAMIT/GLOBK软件是一款开源软件，免费为用户提供服务，无论是科学研究还是生产应用，该软件在国内都拥有大量用户，是使用最为广泛的GNSS高精度数据处理软件之一。

全国许多高校开设了空间大地测量和卫星导航相关的专业，招收和培养了一大批有志于该领域研究的学生。目前已经出版了一批相关专业教材，但专门讲解GNSS高精度数据处理与软件操作的教材尚属空缺。GAMIT/GLOBK软件基于Linux/Unix操作系统，使用命令行操作方式，上手难度大。鉴于该方面的迫切需求，作者总结了多年来在GNSS高精度数据处理理论、方法和软件方面研究的体会和实践的经验，编写了本书。在编写的过程中，从GAMIT/GLOBK初学者的角度，力求简单明了，GNSS导航定位仅简单介绍，着重讲述GAMIT/GLOBK的实际操作和典型应用。书中提供了大量的程序代码供读者参考，读者只要按照书中的指导，便可以实现GAMIT/GLOBK的安装和范例的成功运行。同时本书设置了GAMIT/GLOBK使用的常用错误章节，帮助读者解决GAMIT/GLOBK学习中碰到的典型错误。此外，书中还分别介绍了GAMIT/GLOBK在地震学、形变监测、环境变化、北斗应用以及工程实践中的应用，不仅可以作为科研工作者的参考，也可以为生产实践中的工程师提供帮助。本书的介绍以及实例中用到了GAMIT/GLOBK、GMT、CATS、MATLAB软件和中国大陆构造环境监测网络(简称"陆态网络")的GNSS数据，在此一并表示感谢。

本书是中国地质大学(武汉)地球物理与空间信息学院的邹蓉、武汉久违空间信息技术有限公司的陈超、中国地震台网中心的李瑜和长安大学的张双成四个团队共同合作的结果，编写的内容总结了作者十多年的GNSS高精度数据处理理论与应用的心得，同时也参考了国内外同行的研究成果和最新发展。本书的宗旨是让每一位热爱GNSS高精度数据处理的人都学会GAMIT/GLOBK软件的使用。

本书在编写过程中得到了研究团队其他老师、研究生和同行的大力支持与帮助：王琪老师审阅了本书的提纲并提出宝贵的意见；王广兴老师进行了校对并提出了宝贵的修改意见；研究生黎争、赵鹏、原绍文、范永昭、王啸、肖苡晗、谢孟佑帮助整理校对了第2章、第3章、第4章、第5章、第6章和附录的部分内容，并协助完成了整本书的图片和格式调整；蒲石也对出版工作给予了大力支持。在此，对他们的无私帮助和奉献表示诚挚的感谢。

编著者
2019年6月

目　录

第一章　绪　论 ……………………………………………………………（1）
 第一节　全球导航卫星系统的定义及发展 ……………………………（1）
 第二节　卫星定位原理及解算模式 ……………………………………（4）
 第三节　高精度 GNSS 定位 ……………………………………………（9）
 第四节　GAMIT/GLOBK 介绍 …………………………………………（11）

第二章　坐标系统与时间系统 …………………………………………（13）
 第一节　坐标系统 ………………………………………………………（13）
 第二节　时间系统 ………………………………………………………（18）

第三章　GAMIT/GLOBK 和辅助程序安装 ……………………………（20）
 第一节　GAMIT/GLOBK 安装方法 ……………………………………（20）
 第二节　GMT 安装方法 …………………………………………………（26）
 第三节　TEQC 安装及使用 ……………………………………………（33）
 第四节　CATS 安装及使用方法 ………………………………………（40）

第四章　数据获取与预处理 ……………………………………………（45）
 第一节　连续观测站数据获取 …………………………………………（46）
 第二节　流动站静态数据观测 …………………………………………（49）
 第三节　GNSS 数据格式及预处理 ……………………………………（52）
 第四节　tables 表文件更新 ……………………………………………（58）

第五章　GAMIT 基线处理 ………………………………………………（61）
 第一节　几个重要表文件 ………………………………………………（62）
 第二节　GAMIT 处理流程介绍 …………………………………………（65）
 第三节　GAMIT 基线解算 ………………………………………………（68）

第四节　添加未知天线 …………………………………………………… (73)
　　第五节　GAMIT 常见错误 ………………………………………………… (76)

第六章　GLOBK 数据处理 …………………………………………………… (79)
　　第一节　命令文件详解 …………………………………………………… (81)
　　第二节　GLOBK 基本使用方法 …………………………………………… (87)
　　第三节　时间序列重复性分析 …………………………………………… (89)
　　第四节　多年解求取速度值 ……………………………………………… (94)

第七章　GNSS 时间序列分析 ………………………………………………… (100)
　　第一节　基于 CATS 分析时间序列噪声 ………………………………… (106)
　　第二节　基于 MATLAB 分析 GNSS 时间序列噪声分析 ………………… (110)
　　第三节　时间序列空间域噪声分析 ……………………………………… (117)
　　第四节　时间序列周期分析 ……………………………………………… (123)

第八章　GAMIT/GLOBK 的应用领域 ………………………………………… (125)
　　第一节　GAMIT/GLOBK 解算高速铁路框架控制网 …………………… (125)
　　第二节　GAMIT＋CosaGPS 在工程中运用 ……………………………… (134)
　　第三节　GAMIT/GLOBK 解算北斗卫星数据 …………………………… (136)
　　第四节　CORS 基准站稳定性分析 ……………………………………… (143)
　　第五节　联合 GPS 和 GRACE 研究青藏高原南部地区垂直形变的季节性波动 ……… (147)
　　第六节　GAMIT 在陆态网络地壳形变监测与地震研究中的应用——以尼泊尔
　　　　　　Mw7.8 地震为例 ………………………………………………… (155)

附　　录　Linux 的目录结构以及命令行操作 …………………………………… (165)
　　第一节　目录结构 ………………………………………………………… (165)
　　第二节　Ubuntu 系统目录结构 …………………………………………… (166)
　　第三节　Linux 文件基本属性 …………………………………………… (170)
　　第四节　Linux 文件属主和属组 ………………………………………… (171)
　　第五节　文件与目录管理 ………………………………………………… (173)
　　第六节　编辑器 vi/vim 的使用 …………………………………………… (177)
　　第七节　Shell 脚本 ………………………………………………………… (183)
　　第八节　awk、grep、sed 以及管道 ……………………………………… (188)
　　第九节　环境变量 ………………………………………………………… (189)

参考文献 …………………………………………………………………………… (191)

第一章 绪 论

第一节 全球导航卫星系统的定义及发展

全球导航卫星系统GNSS是一种覆盖全球的自主地利用空间定位的人造卫星系统,经由卫星广播沿着视线方向传送两个或多个信号以确定接收机在地球上的位置。

卫星定位技术是利用人造地球卫星进行点位测量。早期,人造地球卫星仅仅作为一种空间观测目标,这种对卫星的几何观测能够解决用常规大地测量难以实现的远距离陆地、海岛联测定位的问题。但是这种方法费时费力,不仅定位精度低,而且不能测得点位的地心坐标。

20世纪50年代末期美国研制的子午卫星导航系统(Transit Navigation Satellite System,TNSS)为全球定位系统(Global Positioning System,GPS)的前身,用5~6颗卫星组成的星网工作,每天最多绕地球13次,但无法给出高度信息,在定位精度方面也不尽如人意。但子午卫星导航系统使得研发部门对卫星定位获得了初步的经验,并验证了由卫星系统进行定位的可行性,为GPS系统的研制打下基础,它开创了海空导航的新时代,揭开了卫星大地测量学的新篇章。

由于卫星定位在导航方面显示出巨大的优越性及子午仪系统存在的卫星少、间隔时间与观测时间长、不能提供实时定位和导航服务、精度较低等问题,美国军事部门及民用部门都迫切需要一种新的卫星导航系统。

为此,美国海军研究实验室提出了名为"Tinmation"的计划,即用12~18颗卫星组成10 000km高度的全球定位网,并于1967年、1969年和1974年各发射了一颗试验卫星,在这些卫星上初步试验了原子钟计时系统,这是GPS系统精确定位的基础。而美国空军则提出了"621-B"计划,即以每星群4~5颗卫星组成3~4个星群,这些卫星中除1颗采用同步轨道外,其余的都使用周期为24h的倾斜轨道。该计划以伪随机码(PRN)为基础传播卫星测距信号,即使当信号密度低于环境噪声的1%时也能将其检测出来。伪随机码的成功运用是GPS系统得以取得成功的一个重要基础。由于同时研制两个系统会产生巨大的费用,且这两个计划都是为了提供全球定位而设计的,因此在1973年美国国防部将两者合二为一,并由美国国防部牵头的卫星导航定位联合计划局(JPO)领导,还将办事机构设立在洛杉矶的空军航天处。该机构成员众多,包括美国陆军、海军、海军陆战队、交通部、国防制图局、北约和澳大利亚的代表。

20世纪70年代初,为了满足军事和民用对连续实时三维导航的迫切需求,美国开始研制基于卫星的全球定位系统,开启了全球卫星导航系统(GNSS)的新时代。由于GNSS在国家安全、经济建设与社会发展中具有重要作用,因此继美国GPS之后,俄罗斯、中国、欧盟等都在竞相发展各自独立的卫星导航系统。截至2017年,只有美国的GPS(共由24颗卫星组成)及苏联的格洛纳斯系统(GLONASS)是完全覆盖全球的定位系统。中国的北斗卫星导航系统(BDS)则于2012年12月开始服务于亚太区(截至目前38颗卫星在轨运行),并于2018年底扩展为全球服务。欧盟的伽利略定位系统(Galileo)也已经拥有22颗在轨卫星,预定在2020年实现总数30颗卫星的全球卫星系统。其他国家包括法国、日本和印度,都在发展区域导航系统。

北斗卫星导航系统(简称北斗系统)是中国自主建设、独立运行,与世界其他卫星导航系统兼容共用的全球卫星导航系统。自20世纪90年代启动研制,按"三步走"战略,实施北斗一号、北斗二号、北斗三号系统建设,先有源后无源,先区域后全球,走出了一条中国特色的卫星导航系统建设道路。

2012年12月27日,北斗系统开通亚太服务;2018年12月27日,北斗系统正式提供全球RNSS服务,提前两年开启北斗全球时代。北斗系统服务性能如下。

系统服务区:全球。

定位精度:水平10m、高程10m(95%置信度)。

测速精度:0.2m/s(95%置信度)。

授时精度:20ns(95%置信度)。

系统服务可用性:优于95%。

其中,亚太地区的定位精度为水平5m、高程5m(95%置信度),包括"一带一路"倡议沿线国家和地区在内的世界各地,均可享受到北斗系统服务。

北斗系统已得到广泛应用,正走出国门惠及世界。一是产业规模不断壮大。从业单位达14 000家,人员超过50万人,形成珠三角、京津冀、长三角、鄂豫湘、川陕渝五大产业区,涌现出一批有实力的卫星导航企业。自主北斗芯片跨入28nm工艺时代,我国卫星导航专利申请累计5.4万件,居全球第一。二是应用领域不断拓展。交通运输、海洋渔业等应用走深走实,全国已有617万辆道路营运车辆、3.56万辆邮政和快递车辆、36个中心城市8万辆公交车、3230座内河导航设施、2960座海上导航设施使用北斗。港珠澳大桥采用北斗高精度形变监测系统,保障安全运行;国内销售的智能手机大部分支持北斗;北斗前装车辆超过200万辆。基于北斗高精度的智能驾驶汽车,有望于2019年上市。三是国际化实现新突破。北斗已服务于俄罗斯、缅甸、老挝、柬埔寨、泰国、印度尼西亚、巴基斯坦、阿尔及利亚、乌干达等国家,收获了良好的口碑。北斗已加入民航、海事、移动通信等国际组织,国际民航组织批准北斗星基增强服务商标识号和标准时间标识号,国际搜救卫星组织将北斗纳入全球卫星搜救系统计划。

北斗系统提供全球服务,是建设的一大步,也是发展的新起点。计划至2020年前后,建成北斗全球卫星导航系统,向全球提供服务;2035年还将建成以北斗为核心的更加广泛、更加融合、更加智能的综合定位导航授时(PNT)体系。北斗将以更强的功能、更优的性能服务全球,造福人类。

目前,全球卫星导航系统国际委员会认定系统有以下几种(表1-1)。

表1-1 全球卫星导航系统

一字符简码符号	导航系统	国家(地区)
M	Mixed,混合了多个星座	无
G	GPS 美国全球卫星定位系统	美国
R	GLONASS 俄罗斯格洛纳斯卫星导航系统	俄罗斯
C	BDS 中国北斗卫星导航系统	中国
E	Galileo 欧洲伽利略卫星导航系统	欧盟
J	QZSS 日本准天顶卫星导航系统	日本
I	IRNSS 印度区域导航卫星导航系统	印度

1. 全球卫星导航系统

美国:全球定位系统(GPS)。
俄罗斯:全球导航卫星系统(GLONASS)。
中国:北斗卫星导航系统(BDS)。
欧盟:伽利略定位系统(Galileo)。

2. 区域型卫星导航系统

中国:中国区域定位系统(CAPS)。
印度:印度区域导航卫星系统,此系统包含7颗卫星及地面设施,于2017年8月完成卫星发射部署,为印度自主的导航系统。

3. 辅助型卫星导航系统

日本:准天顶卫星系统(QZSS),是辅助美国GPS的系统,只为日本地区服务,但在东亚能观测到该卫星的地区皆可利用。

经过近40年的发展,GNSS经历了从不成熟到成熟、从单系统到多系统、从单用途到多用途、从军用到民用的巨大变化。GNSS不仅具有全球、全天候、高精度连续导航和定位功能,还可用来进行授时、地球物理与大气物理参数测定等。因此,GNSS在航空、航天、军事、交通、运输、资源勘探、通信、气象等很多领域中具有广泛应用。

第二节 卫星定位原理及解算模式

由于GNSS自身提供的定位精度最高到米级,甚至GPS最初的民用定位精度低于100m,远远不能满足精确导航和定位的要求。因此,为了将GNSS定位和导航精度提高到分米、厘米级,甚至毫米级,就需要采用不同的观测方法和解算模式。GNSS定位原理的专业资料很多,本节尝试以最浅显的方式说明GNSS定位的基本原理,在此基础上介绍目前主流的GNSS定位解算模式。

一、GNSS定位原理

GNSS定位,实际上就是通过4颗及以上已知位置的卫星来确定接收机的位置。

如图1-1所示,图中的G表示GNSS接收机,为当前要确定位置(坐标)的设备,未知;S1、S2、S3、S4为观测到的4颗卫星,其当前位置(空间坐标)已知。这里卫星空间位置由卫星发射的导航电文给出。

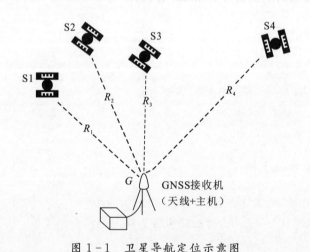

图1-1 卫星导航定位示意图

R_1、R_2、R_3、R_4为4颗卫星到接收机的距离,卫星至接收机天线距离是通过接收卫星测距信号并与接收机内时钟进行相关处理求定。

卫星定位就是利用空间测距交会定点原理,根据立体几何知识,在三维空间中,3个距离数据就可以确定一个点了(实际上两个距离数据也能定位,另一个距离可以通过采用未知点与地心的距离,北斗一代就是这种模式),为什么这里需要 4 个呢？理想情况下,只需要 3 颗卫星就可以实现 GNSS 定位。但是事实上,必须要 4 颗,因为待求解未知数,除了三维空间坐标,还有接收机钟差改正数。

卫星到接收机的距离是通过光速 C(理想状态下)乘以传播时间 t 计算出来的,而我们知道 C 值很大(299 792 458m/s),那么对于传播时间而言,一个极小的误差都会被放大很多倍,从而导致定位结果偏差巨大,即"差之毫厘,谬以千里"。也就是说,在 GNSS 定位中,对时间的精度要求是极高的。导航卫星都使用原子钟来计时,但是接收机不可能配备昂贵的原子钟,因此接收机的时间和卫星上的原子钟总会存在一定的偏差。除了钟差,光速 C 也会受到空气中电离层的影响,卫星位置也存在误差。

二、GNSS 定位解算模式

GNSS 卫星定位原理是空间距离交会法。根据观测值类型的不同,其定位可分为伪距测量定位和载波相位测量定位;根据定位时接收机的运动状态,又可分为静态定位(天线相对于地固系静止)和动态定位(天线相对于地固系运动);依据获得定位结果的时效,可分为事后定位和实时定位;按照定位模式的不同划分,又可分为绝对定位(单点定位)和相对定位(差分定位)。而单点定位是利用一台接收机确定待定点在地固系中的绝对位置,分为普通单点定位和精密单点定位;相对定位是指确定进行同步观测的接收机之间相对位置的定位方法,又称为差分定位(例如实时动态差分定位 RTK)。

GNSS 接收机接收的卫星信号(Signal)有：测距码(Ranging Code)、载波相位(Carrier)及数据码(Data)/导航电文(Navigation Message)。利用测距码和载波相位均可进行定位。利用测距码定位精度较低,高精度定位常采用载波相位观测值的各种线性组合,以减弱卫星轨道误差、卫星钟差、接收机钟差、电离层和对流层延迟等误差影响。

1. 伪距观测值及伪距单点定位

伪距测量就是测定由卫星发射的测距码信号到达 GNSS 接收机的传播时间乘以光速所得的距离。GNSS 卫星由卫星时钟产生一定结构的伪随机码,与卫星星历数据码模的平方相加后,调制在载波上向地面发送,经过一段时间的延迟到达接收机天线。接收机在自身的时钟控制下产生一组结构与卫星伪随机码一样的测距码,称为复制码,并通过时延器使其延迟时间 τ。将卫星送来的测距码和接收机内产生的复制码送入相关器进行相关处理。若自相关系数 $R(\tau) \neq 1$ 时,继续调整延迟时间,直至相关系数 $R(\tau) = 1$ 为止。这时复制码与测距码完全对齐。测定的延迟时间 τ 为卫星信号从卫星传送到接收机天线的时间。该时间 τ 乘以光速 C 即为卫星至接收机的距离。

伪距法单点定位,就是利用 GNSS 接收机在某一时刻测定的 4 颗及以上 GNSS 卫星伪距及从卫星导航电文中获得的卫星位置。采用距离交会法求定接收天线所在的三维坐标。

由于大气延迟、卫星钟差、接收机钟差等误差影响,伪距法单点定位精度不高。比如 GPS 的 C/A 码伪距定位精度一般为 25m,P 码伪距定位精度为 10m。当美国施行 SA 技术

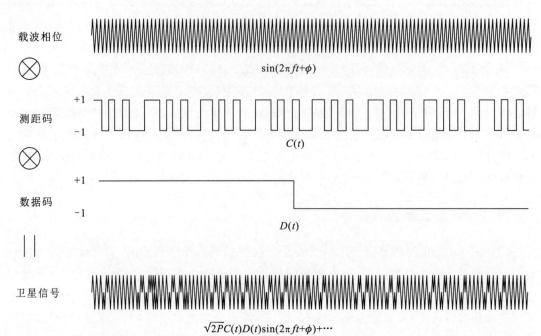

图 1-2 GNSS 卫星信号组成模式

后,C/A 码伪距定位精度降到 50m。但是由于伪距单点定位速度快、无多值性问题,因此在运动载体的导航定位上仍应用很广泛。此外,伪距还可以作为载波相位测量中解决整周模糊度的参考数据。

智能手机常用的定位方式有以下 4 种:①卫星定位(GPS、BDS、Galileo、GLONASS);②移动基站定位;③WiFi 辅助定位;④AGPS定位。其中,卫星定位多采用 GPS 伪距观测值单点定位模式,随着北斗系统加快全球组网,相信不久以后国内智能手机就会全面支持北斗定位;另外,当前基于千寻位置的差分定位手机也已经出现。

2. 载波相位观测值

测距码的码元长,测距分辨率低,这是伪随机码定位精度低的主要原因。GPS 的 C/A 码码长 293m,测量精度为 1‰时,伪距精度约为 3m;P 码码长 29.3m,P 码伪距精度约为 0.3m。用这样精度的观测值,定位精度只能达到十几米,满足不了一些工程的需要。如果将载波相位作为测量信号,由于载波波长短,GPS 的 L1 载波波长 19.032cm,L2 载波波长 24.42cm,按测量精度为 1‰,载波相位测量精度为 0.2mm。但由于载波信号是一种周期性正弦信号,在相位测量中只能测定其不足一周期(即波长)的小数部分,存在着整周数不确定性问题,因此载波相位解算过程比较复杂。

载波相位测量是测定 GNSS 卫星载波信号到接收机天线之间的相位延迟。GNSS 卫星载波上调制了测距码和导航电文,所以 GNSS 接收机接收到卫星信号后要将调制在载波上的测距码和卫星电文去掉，重新获得载波，这一工作称为重建载波。GNSS 接收机将卫星重建载波与接收机内由振荡器产生的本振信号通过相位计比相，即可得到相位差。

当 GNSS 接收机在跟踪卫星进行载波相位测量过程中，若因某种原因导致对卫星跟踪短暂失锁，如卫星和接收机天线之间视线方向有阻挡物或接收机受到外界电磁干扰等，将出现载波相位整周观测值的意外丢失，这种现象称为整周跳变。在载波相位观测值数据处理中对整周跳变的探测和修复工作是十分重要的（GAMIT 软件中 AUTCLN 模块能够自动探测和修复整周跳变）。

用载波相位测量进行相对定位一般是用两台 GNSS 接收机，分别安置在测线两端（该测线称为基线），固定不动，同步接收 GNSS 卫星信号。利用相同卫星的相位观测值进行解算，求定基线端点在某坐标系（如 WGS84、CGCS2000、ITRF）中的相对位置或基线向量。当其中一个端点坐标已知，则可推算另一个待定点的坐标。

载波相位相对定位普遍采用将相位观测值进行求差，常见的求差方法有 3 种，即单差法、双差法和三差法。

单差法是将不同测站同步观测相同卫星所得到的相位观测值求差，这种求差法称为站间单差。该方法可以消除卫星钟差影响，另外当两测站距离较近时（<20km），两站的电离层和对流层延迟相关性较强，单差可以消弱这些误差。

双差法是将不同测站同步观测一组卫星得到的单差求差，这种求差称为站间星间差。双差方程中已消除了两个测站接收机相对钟差改正数，经过双差处理后大大地减小了各种系统误差。因此，在 GNSS 相对定位中一般采用双差观测方程作为基线解算的基本方程。当同步观测 4 颗卫星时，至少需要两个历元观测值，才能解算出坐标增量和整周模糊度值。

为了提高相对定位精度，同步观测时间要比较长。同步观测时间与基线长度、使用的仪器类型（单频机还是双频机）以及解算方法有关。目前在短基线上（<15km）使用双频接收机，采用快速处理软件（随机赠送软件），野外每个测站同步观测时间只需 10～15min 即可达到 1ppm 的精度。在双差方程解算中重要的是求解整周模糊度。整周模糊度值理论上是整数，但由于测量噪声，整周模糊度值有时不为整数，在误差小于 0.2 周时可以取整，此时坐标增量解为整数解。当测量距离超过 30km 时，受各误差的影响，整周模糊度固定为整数较困难，常采用浮点解。

三差法是对于不同历元（t 和 $t+1$ 时刻）同步观测同一组卫星所得观测值的双差之差，由于在跟踪观测中测站对于各个卫星的整周模糊度组是不变的，所以经过站间、星间、历元之间三差后消去了整周模糊度值差，三差观测方程中只剩下基线坐标增量，利用三差方程求定的坐标增量为三差解。由于三差模型中是将观测方程经过 3 次求差，方程个数大大减少，这对未知数解算将会产生不良影响，所以三差方程主要用于解决整周跳变问题及提供单差和双差的近似值。实际工作中多采用双差方程进行解算。

3. RTD 与 RTK 的区别

GNSS 差分定位原理使用一台 GNSS 基准接收机（基准站）和一台用户接收机（移动

站),利用实时或事后处理技术,就可以使用户测量时消去公共的误差源——卫星轨道误差、卫星钟差、大气延时、多路径效应。特别提出的是,当 GNSS 工作卫星升空时,美国政府实行了 SA 政策,使卫的轨道参数产生了很大的误差,致使一些对定位精度要求稍高的用户得不到满足。因此,现在发展差分 GNSS 技术就显得越来越重要。

根据差分 GNSS 基准站发送的信息方式可将差分 GNSS 定位分为 3 类,即位置差分、伪距差分和载波相位差分。这 3 类差分方式的工作原理是相同的,都是由基准站发送修正数据,由用户站接收并对其测量结果进行修正,以获得精确的定位结果。不同的是,发送修正数据的具体内容不一样,其差分定位精度也不同。

(1)位置差分原理。这是一种最简单的差分方法,任何一种 GNSS 接收机均可改装和组成这种差分系统。安装在基准站上的 GNSS 接收机观测 4 颗卫星后便可进行三维定位,解算出基准站的坐标。由于存在着轨道误差、时钟误差、SA 影响、大气影响、多路径效应以及其他误差,解算出的坐标与基准站的已知坐标是不一样的,存在误差。基准站利用数据链将此改正数发送出去,由用户站接收,并且对其解算的用户站坐标进行改正。

最后得到的改正后的用户坐标已消去了基准站和用户站的共同误差,例如卫星轨道误差、SA 影响、大气影响等,提高了定位精度。以上先决条件是基准站和用户站观测同一组卫星的情况。位置差分法适用于用户与基准站间距离在 100km 以内的情况。

(2)伪距差分原理(RTD)。伪距差分是目前用途最广的一种技术。几乎所有的商用差分 GNSS 接收机均采用这种技术。国际海事无线电委员会推荐的 RTCM SC-104 也采用了这种技术。

基准站上的接收机要求得到它与可视卫星的距离,并将此计算出的距离与含有误差的测量值加以比较。利用一个 $\alpha-\beta$ 滤波器将此差值滤波,并求出其偏差;然后将所有卫星的测距误差传输给用户,用户利用此测距误差来改正测量的伪距;最后,用户利用改正后的伪距来解出本身的位置,就可消除公共误差,提高定位精度。

与位置差分相似,伪距差分能将两站公共误差抵消,但随着用户到基准站距离的增加又出现了系统误差,这种误差用任何差分法都是不能消除的,用户和基准站之间的距离对精度有决定性影响。利用伪距差分方法,定位精度可达到亚米级。

(3)载波相位差分原理(RTK)。载波相位差分技术又称之为 RTK 技术(Real Time Kinematic),是建立在及时处理两个测站的载波相位基础上的。载波相位差分技术能实时提供观测点的三维坐标,并达到厘米级的高精度。

与伪距差分原理相同,由基准站通过数据链及时将其载波相位观测值及基准站坐标信息一同传送给用户站。用户站接收 GNSS 卫星的载波相位与来自基准站的载波相位,并组成相位差分观测值进行及时处理,能及时得出厘米级的定位结果。

实现载波相位差分的方法分为两类:修正法和差分法。前者和伪距差分相同,基准站把载波相位修正量发送给用户站,以改正其载波相位,之后求解坐标。后者把基准站采集的载波相位发送给用户站进行求差解算坐标。前者是准 RTK 技术,后者为真正的 RTK 技术。

第三节 高精度 GNSS 定位

目前市面上常见的 GNSS 定位设备(接收机)分为 3 种级别(图 1-3):1~10m 级别(定位手表、智能手机、手持定位器等)、分米至厘米级别(RTK 等差分设备)和毫米级别(大地测量型接收机)。

第一类主要以设备内定位芯片自身快速伪距单点定位为主;第二类以接收差分信号进行 RTD/RTK 解算为主;第三类以大地测量型接收机进行长时间静态观测,进行高精度数据解算为主。大地测量型接收机多为主机和天线分离形式,观测时天线通过电缆与主机相连。

三类设备定位精度的差异主要是由内部的 GNSS 接收机芯片造成,如图 1-4 所示接收机内部芯片结构图,最主要的差别在于接收机处理器和导航处理器。实时定位的设备,在接收机处理器解码卫星信息以后,导航处理会存在多种不同的算法模式(单点定位、SBAS、RTD、RTK……),不同的算法对应着不同的定位精度。而测量型接收机往往都会将解码的卫星信号保存下来,用于事后分析解算,获得更高精度的定位结果。

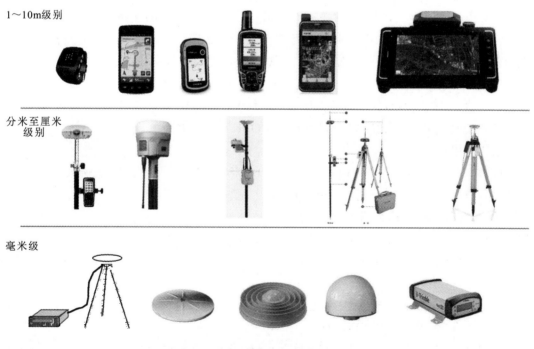

图 1-3 GNSS 设备定位精度分类

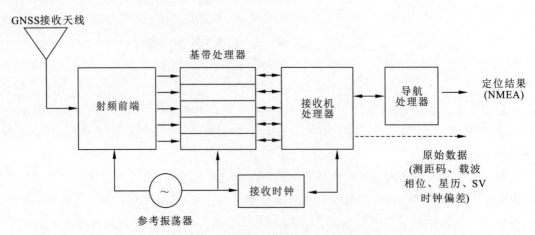

图1-4 GNSS接收机芯片内部结构

本书的主要内容将以第三类定位模式为主，讲述高精度GNSS数据野外采集方法、数据整理、质量检测、基线解算、综合平差等内容，涉及GNSS导航定位的整个流程。

在高精度GNSS数据解算方面，目前国际上著名的软件主要有：美国麻省理工学院（MIT）和海洋研究所（SIO）联合研制的GAMIT/GLOBK软件、瑞士伯尔尼大学研制的BERNESE软件、美国喷气推进实验室（JPL）研制的GIPSY软件和武汉大学卫星导航定位技术研究中心研制的PANDA软件等。GAMIT/GLOBK和BERNESE软件采用相位双差数据作为基本解算数据，GIPSY软件采用非差相位数据作为基本解算数据。在精度方面，上述软件无明显差异，都可达到厘米级甚至毫米级的点位坐标精度。然而，GIPSY软件作为美国军方研制的软件，目前对中国不提供授权，因此，其用户在国内并不多；BERNESE软件是商业软件，需要付费，其用户在世界范围内稍多；PANDA软件是后起之秀，在国内主要是专业背景比较深厚的高级用户；GAMIT/GLOBK软件开源、公开，接近于自由软件，在国内拥有庞大用户。

GAMIT（GPS Analysis at Massachusetts Institute of Technology）开发始于20世纪70年代末，经过多个机构（麻省理工学院、斯克里普斯海洋研究所和澳大利亚国立大学）以及多名学者的贡献，早已成为世界上最著名的GNSS数据处理软件之一，与GIPSY和BERNESE齐名。由于GAMIT代码开源并且容易获取，其影响力大大超过其他软件。

GLOBK（Global Kalman Filter）发展于20世纪80年代中期，最初是为了处理甚长基线干涉测量技术（Very Long Baseline Interferometry，简称VLBI）的数据而开发，并于1989年扩展修改支持GAMIT输出结果文件，于1990年支持处理激光测距（Satellite Laser Ranging，简称SLR）资料SINEX文件。

GAMIT/GLOBK主要处理事后静态数据，对于动态数据（例如汽车、飞机上面的GNSS采集器）则无能为力，为此麻省理工学院开发了一款程序track来处理这种情形，track RT为实时动态处理版本。在基准站10km以内，通常都非常容易固定移动站位置，10～100km

范围相对困难,但往往能够成功定位,对于超过 100km 范围则取决于观测数据的质量。

GAMIT/GLOBK 能够估计测站坐标和速度、震后形变位移、大气延迟、卫星轨道及地球定位参数。GAMIT/GLOBK 高精度卫星定位方面的技术和服务不仅在大地测量、地壳形变监测、地球动力学研究方面得到应用,而且在许多测绘、勘测、规划、市政、交通、铁路、水利水电、建筑、矿山、道桥、国土资源、气象、地震等行业部门的大型工程建设过程中都发挥了重要作用。

第四节　GAMIT/GLOBK 介绍

GAMIT/GLOBK 软件目前可运行于几乎所有的 Unix(Sun、MacOS)及 Linux 系统(RedHat、Ubuntu、RedFlag、Suse 等),但不能运行于 Windows 或 DOS 系统。软件可处理的最大测站和卫星数目可在编译时设定。它的基本输出文件是 h 文件,可作为 GLOBK 软件的输入文件,进而估计测站坐标与速度、卫星轨道参数和地球定向参数。数据处理前,用户需准备所需要的文件,如测站先验坐标文件(l 文件)、广播星历文件、观测数据文件以及其他辅助文件等。GAMIT 每个时段观测数据要求的周期最长为 1 个 UTC 天,即从 UTC 的 0 点到 24 点,原则上不要跨天作业。

GAMIT 软件的组成结构如图 1-5 所示,它由不同的功能模块组成,主要包括数据准备、生成参考轨道、计算残差和偏导数、周跳检测与修复、最小二乘平差等模块,这些模块既可以单独运行,也可以用批处理命令联合在一起运行,最大限度地减少人为操作,提高运算效率。软件的执行程序放在/com、/kf/bin 和/gamit/bin 三个目录下。其中,GAMIT 所有运行脚本(Shell Scripts)集合放在/com 目录下,GLOBK 源程序各模块放在/kf 目录下,GAMIT 软件源程序各模块放在/gamit 目录下。

GAMIT 软件可供选择不同的解:①L1、L2 独立解(Independent L1 and L2 Solution);②LC 解(Ionosphere-free Solution);③L1 解(L1 Solution)。

GAMIT 软件提供诸如 L1、L2 独立解、LC 解、L1 解有它的特殊目的。对于基线较短的 GNSS 实验而言,电离层延迟相关性很强,因此通过站间差分,便可消掉电离层一阶影响,虽然此时也可用 LC 解,但 LC 解使得观测噪声和一些偶然误差源(如多路径效应)放大,从而影响解的精度。此时,选择 L1、L2 独立解是合适的。对基线很长的 GNSS 实验而言,这时电离层延迟的相关性很差,此时选用消除掉电离层影响的 LC 解无疑是适宜的。而 L1 解适合于处理单频接收机的观测数据。

GAMIT 软件一次只能解算一个时段同步观测站的数据(一般一个时段的长度为一天),我们将它称为单天解。对于连续多天观测(一般连续 7 天),可以得到多个单天解,然后可将这些多天解合并成整体解(单周解)。对于永久 GNSS 观测站而言,可得到大量的单周解,将这些单周解合并,又可以得到周年解。合并多时段解的常用方法是最小二乘平差法,

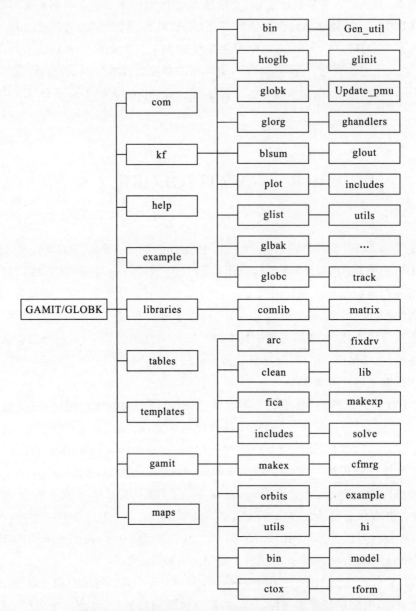

图 1-5 GAMIT/GLOBK 软件组成结构图

这通常是法方程叠加过程。除最小二乘平差法外，还可使用卡尔曼滤波法，其好处在于计算速度较快、节约内存等。

第二章 坐标系统与时间系统

定位的前提是确定坐标系统。例如,北斗定位系统采用 CGCS2000 坐标系统,而 GPS 坐标系统为 WGS84。确定了坐标系统,也就能知道卫星的坐标位置,根据距离即可后方交会计算出地面接收机的坐标位置。距离由光速乘以信号传播时间获得,因此时间在卫星导航定位中也至关重要。GPS 使用的时间系统称为 GPST,而北斗系统使用的时间系统称为北斗时。本章节将重点介绍在 GNSS 数据处理中涉及的坐标系统和时间系统,特别是 GAMIT 处理中常用的 NEU 坐标系与空间直角坐标系之间的转换模型。

第一节 坐标系统

GAMIT/GLOBK 中使用的坐标系较多,包括协议惯性坐标系(CIS)和协议地球坐标系(CTS)两大类,以国际天球参考系(ICRS)和国际协议地球参考系(ITRS)为代表。ICRS 的实现方式是 ICRF,它由空间均匀分布的 608 个河外射电源的 VLBI 坐标组成。ITRS 的实现方式是 ITRF,由全球分布的 IGS 站坐标和坐标变化速率组成,先后产生过 ITRF88-94、ITRF96、ITRF97、ITRF2000、ITRF2005、ITRF2008、ITRF2010 和目前最新的 ITRF2014。在协议地球坐标系中又包括空间直角坐标系、大地坐标系、站坐标系及 NEU 坐标系。通常所说的 WGS84 坐标属于协议地球坐标系,在厘米级精度范围内可认为与 ITRF 相同。

一、国际天球参考系(ICRS)和国际协议地球参考系(ITRS)

国际天球参考系(ICRS)往往用来描述天体和卫星运动,天体和卫星的星历通常都在此系统中表示。在 GAMIT 软件中,采用数值积分方法解卫星运动方程,称之为卫星轨道积分,此时一般采用 J2000 协议惯性坐标系。该坐标系的定义:地球质心作为坐标原点,选用 2000 年 1 月 1 日质心力学时(TDB)为标准历元,将经过该瞬时的岁差和章动改正后的北天极与春分点分别确定 Z 轴和 X 轴,这样 X 轴、Y 轴和 Z 轴就形成一个左右手结构体系。ICRS 和瞬时天球坐标系之间可以相互转换。

国际协议地球参考系(ITRS)一般用于描述地面点在地球上的位置,其定义是:地球质心作为坐标原点,并以控制 Z 轴的方向为协议地极方向(CTP),X 轴指向格林尼治子午线与协议地球赤道的交点,这样就可以构成 Y 轴、X 轴、Z 轴左右手体系。ITRS 与瞬时天球坐标系之间的关系是极移和地球自转的关系。

二、ITRF 参考框架

如前所述,协议地球坐标系由协议地极和平均格林尼治子午线确定。二者在地球上的具体位置是通过全球分布的测站坐标相对确定的。理论上讲,只要知道地球上任意 3 个点的位置就可以唯一确定坐标系。一方面,由于观测本身存在误差,相对应的起始子午面、坐标原点、大地经度轴也存在误差,因此用于地球坐标系定向的参考站个数也不只 3 个;另一方面,由于地球板块运动和局部地壳形变,这些参考点的坐标都不是静止不动的。由一系列测站相对于某一参考历元的坐标和位移速度构成了国际地球参考框架 ITRF。

ITRF 是 IERS 分析中心根据各个所属机构的不同观测技术综合定义的,这些技术包括 VLBI、LLR/SLR、GPS、DORIS,各种观测技术获取的结果通过并址站的联测基线(local-tie)组合在一起;同时,IERS 也发布各种技术对应的参考框架,不同的框架之间可以通过相似变换的公式进行转换。

ITRF 框架属于一种动态性的地球参考框架,其定义就是利用框架的时间演变基准的明确定义、框架定向、尺度以及远点等来实现。在不同的时期,框架之间的 4 个基准分量定义也就存在着一定的差异,从而造成框架之间存在着较小的系统性差异,而这些差异通常都可以利用 7 个参数来表示,而且不同的框架之间能够通过坐标系之间的相似变换来进行转换,其转换公式为:

$$\begin{bmatrix} XS \\ YS \\ ZS \end{bmatrix} = \begin{bmatrix} X \\ Y \\ Z \end{bmatrix} + \begin{bmatrix} Tx \\ Ty \\ Tz \end{bmatrix} + \begin{bmatrix} D & -Rz & Ry \\ Rz & D & -Rx \\ -Ry & Rx & D \end{bmatrix} \begin{bmatrix} X \\ Y \\ Z \end{bmatrix} \qquad (2-1)$$

式(2-1)中的 Tx,Ty,Tz 为平移参数;Rx,Ry,Rz 为旋转参数;D 为尺度改正因子;X,Y,Z 和 XS,XY,XZ 分别对应转换前后的 ITRF 框架。对于不同历元,还涉及到历元转换,公式如下:

$$P(t) = P(\text{EPOCH}) + \dot{P} \times (t - \text{EPOCH}) \qquad (2-2)$$

式(2-2)中 P 表示历元(EPOCH)时刻转换参数,$\dot{P}$ 表示 P 的速率。上面所有提及的 14 个参数值,均可以在 ITRF 官网(http://itrf.ensg.ign.fr/trans_para.php)查询得到,从而实现不同 ITRF 框架之间的转换。

三、WGS84、CGCS2000 与 ITRF 的关系

WGS84 坐标系属于协议地球参考系,是美国 GPS 广播星历和美国国防制图局 NGS 精密星历的参考基准,最初是基于 Transit 卫星多普勒数据建立的用于 GPS 广播星历的地球参考系,后来主要是基于 GPS 观测数据实现。其定义是:以原点为地球质心,Z 轴指向 BIH1984.0 定义的协议地极 CTP 方向,X 轴指向 BIH1984.0 零子午面与 CTP 对应的赤道的交点,Y 轴、Z 轴和 X 轴构成右手参考体系。WGS84 参考框架是由一组全球分布的 GPS

跟踪站的坐标来具体实现的。WGS84系统经过3次优化后,目前与ITRF框架的站坐标差异在1cm以内,在厘米级精度内可认为二者是同一参考框架。一般来说,WGS84(1150GPS周)实用上被认为等同于ITRF2000;WGS84(873GPS周)实用上被认为等同于ITRF94;WGS84(730GPS周)实用上被认为等同于ITRF92。

CGCS2000是2000年(中国)国家大地坐标系的缩写,该坐标系是通过中国GPS连续运行基准站、空间大地控制网以及天文大地网与空间地网联合平差建立的地心大地坐标系统。2000年(中国)国家大地坐标系以ITRF97参考框架为基准,参考框架历元为2000.0。北斗系统采用2000年中国大地坐标系(CGCS2000)。

CGCS2000的定义与WGS84实质一样,采用的参考椭球非常接近。扁率差异引起椭球面上的纬度和高度变化最大达0.1mm,当前测量精度范围内,可以忽略这点差异。可以说两者相容至厘米级水平(单若一点的坐标精度达不到厘米水平,则认为CGCS2000和WGS84的坐标是不相容的)。

四、球面坐标系、站心地平坐标系、大地坐标系和空间直角坐标系

1.1 文件和球坐标系

GAMIT的输入近似坐标l文件又叫站坐标文件,内容包括测站的先验坐标,测站坐标以球坐标形式表示。利用gapr_to_l程序可将GLOBK格式的.apr文件转换为指定历元的站坐标l文件;ITRF框架坐标的.apr文件可从MIT的ftp目录获得(GAMIT安装包下tables目录下包含了最新的itrf.apr)。ITRF参考框架下的球坐标与空间直角坐标的转换公式如下:

$$\begin{bmatrix} X \\ Y \\ Z \end{bmatrix} = r \begin{bmatrix} \cos\delta\cos\alpha \\ \cos\delta\sin\alpha \\ \sin\delta \end{bmatrix} \Leftrightarrow \begin{bmatrix} \delta \\ \alpha \\ r \end{bmatrix} = \begin{bmatrix} \arctan\dfrac{Z}{\sqrt{X^2+Y^2}} \\ \arctan\dfrac{Y}{X} \\ \sqrt{X^2+Y^2+Z^2} \end{bmatrix} \quad (2-3)$$

式中,δ、α、r分别为地心纬度、地心经度、地心向径。

使用球面坐标系能够简化球面坐标与空间直角坐标之间的转换,并且不需要大地坐标解算的迭代运算,降低了运算的难度和复杂程度,地心经度与大地精度一样,并且其经度与纬度也比较接近,其地心向径的变化几乎被认为是大地高程的变化。如果进行平差,可以直接采用更新后的l文件作为当天的坐标平差结果。

2. GAMIT结果文件中的NEU坐标系

GAMIT的基线输出文件为基线解q文件(详细基线解)和o文件(简略基线解)以及方差-协方差矩阵h文件,主要包括基线解算过程参数和基线结果及其精度信息。严格地讲GNSS数据处理是为了解算未知点的三维坐标,而不是基线分量,基线是由坐标计算的,即

先有坐标后有基线,一些测量工作者往往混淆了这一概念。在建立误差方程时,一般是以测站坐标作为未知数,由于采用双差观测值作为基本观测量,往往在测站之间按全组合形成不同的基线。GAMIT 是将所有基线的观测方程一并处理,只建立一个法方程,一次性解算出所有未知点的坐标,在 q 文件和 o 文件中以基线形式输出。无论精度如何,闭合差总为 0,不需要进行三维平差。基线形式以直角坐标系和站心坐标系两种形式给出,即 (DX,DY,DZ,S) 和 (DN,DE,DU,S) 以及各个分量的标准差。站心坐标系 P-NEU 定义为:以测站点 P 为原点,以 P 点的法线为 U 轴,指向天顶为正,以子午线方向为 N 轴,指北为正,E 轴垂直于 P 点的大地子午面,向东为正,构成一个左手坐标系。ITRF 参考框架下的站心地平坐标系与空间直角坐标系的转换公式如下:

$$\begin{bmatrix} N \\ E \\ U \end{bmatrix} = \begin{bmatrix} -\sin B \cos L & -\sin B \sin L & \cos B \\ -\sin L & \cos L & 0 \\ \cos B \cos L & \cos B \sin L & \sin B \end{bmatrix} \begin{bmatrix} X - X_P \\ Y - Y_P \\ Z - Z_P \end{bmatrix} \quad (2-4)$$

式中,L、B 为大地经纬度。

需要说明的是,q 文件和 o 文件中分别给出了 XYZ 坐标系和 NEU 坐标系下基线分量的协方差阵,而 NEU 坐标系基线分量的中误差是由 XYZ 基线分量的转换关系以及协方差阵并以误差传播定律为依据来进行计算的。通常都是将站心地平坐标中的基线 NEU 坐标系中分量的误差当作基线高程以及水平方向的误差。但只能在基线相对较短时可这样认为,若是基线较长就应充分考虑其基线 NEU 坐标系分量精度以及测站点中的精度之间的差别。设基线方向为站 A 到站 B,站坐标的原点为 A 点,假设 A 点坐标没有误差,基线分量的误差即代表 B 站的坐标误差。基线较长时,U 方向的误差几乎是 B 点水平方向的误差,如图 2-1 所示。因此,在分析测站水平和高程方向的误差时,如果基线较长,不能仅从 NEU 基线结果的精度来分析,而应以 B 站的站坐标精度为准。

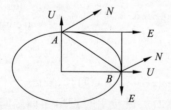

图 2-1 基线 AB 在特殊情形下的 NEU 分量

以拉萨站至上海站基线为例,基线长约 2865km,当基线在 NEU 坐标系方向变化分别为 0mm、0mm、40mm 时,反映到上海站站坐标的位移量分别是 1mm、-17mm、36mm。在分析测站水平和高程位移的精度时,如果以基线为对象应考虑这一微小区别。

3. GLOBK 生成的 NEU 坐标

GLOBK 的输出文件一般为 *.prt 和 *.org 格式,在给出 ITRF 参考框架下的空间直角坐标的同时还给出了新的 NEU 坐标，它与站心坐标系定义的 NEU 坐标系有关联但又有所不同，这种坐标系类似于平面坐标，属于圆锥投影。为便于区分，用 (G) 表示 GLOBK 软件中给出的 NEU 坐标，记为 $N(G)$、$E(G)$、$U(G)$。由 XYZ 坐标系先计算出测点的大地经纬度和大地高 U，直角坐标与大地坐标的转换公式为：

$N(G)$ 为 WGS84 椭球的长半轴 a 与测站纬度之积，显然它是一段弧长，北纬为正。

$$N(G) = aB \tag{2-5}$$

式中，B 的单位为弧度，表示测站大地纬度。

$E(G)$ 为 1/20 000rad，为最小度量单位，测站所在处最靠近的那条平行圈到起始子午线的平行圈弧度长。

$$E(G) = r_0 L \tag{2-6}$$

式中，L 是以弧度为单位的测站大地经度。r_0 是余纬为 θ_0 时的纬圈半径，其计算公式为：

$$r_0 = a\cos\theta_0 \tag{2-7}$$

θ_0 定义为最接近 1/20 000rad（约 $10''$）的余纬，计算公式为：

$$\theta_0 = \text{int}\left[\left(\frac{\pi}{2} - B\right)/0.000\ 05 + 0.5\right] \times 0.000\ 05 \tag{2-8}$$

式中，int 表示取整运算。

$U(G)$ 是测站的大地高，即：

$$U(G) = H \tag{2-9}$$

从 $N(G)$、$E(G)$、$U(G)$ 的计算过程可以看出，空间一组测站的 $N(G)$、$E(G)$、$U(G)$ 并不构成一个统一的空间直角坐标系，因此也无法用两个测站的 $N(G)$、$E(G)$、$U(G)$ 坐标差通过平方和开方的方法得到这两个测站间的空间直线距离，这是它不同于一般真正的 NEU 坐标系的地方。$N(G)$、$E(G)$、$U(G)$ 基线分量的中误差可由 XYZ 直角坐标系与大地坐标系的转换关系以及大地坐标系与 $N(G)$、$E(G)$、$U(G)$ 坐标系的转换关系根据误差传播定律计算得到。

五、GAMIT 近似坐标获取

GAMIT/GLOBK 程序已经包含了计算测站概略坐标的脚本：sh_rx2apr。该脚本可输出站点在 WGS84 坐标框架内分别以大地坐标系（BLH）和空间直角坐标系（XYZ）表示的概略坐标值。脚本的完整参数表如下：

```
$ sh_rx2apr -site <site> -nav <nav> -ref <ref> -apr <apr> -chi <val>
```

其中：

<site> 表示待求站点的观测数据文件；

<nav> 表示广播星历文件；

<ref> 为相对定位时使用的参考站观测文件，apr 为包含参考站坐标的 .apr 文件；

<chi> 为迭代计算时的阈值（该项默认为 3m）。

该脚本输出概略坐标有 3 种模式：①直接从观测头文件信息中获取，②使用伪距单点定位方式解算，③以一个已知点为参考站使用相对定位的方式解算。使用哪一种模式取决于输入方式。若只输入了观测文件，则直接使用从观测头文件信息中获取近似坐标；若还同时引入了一个广播星历文件，则使用伪距单点定位的方式；若在输入待求测站观测文件的同时还引入了广播星历文件、已知站点的观测数据以及包含已知点坐标的.apr 文件，则采用相对定位的方式。

示例：从观测头文件信息中获取 JFNG 站的近似坐标：

```
$ sh_rx2apr -site jfng1510.17o
```

使用程序 SVPOS 伪距单点定位的方式获取 JFNG 站的近似坐标：

```
$ sh_rx2apr -site jfng1510.17o -nav brdc1510.17n
```

使用程序 SVDIFF 相对定位的方式获取 JFNG 站的近似坐标，其中参考站为 SHAO，参考站坐标文件为 itrf08.apr：

```
$ sh_rx2apr -site jfng1510.17o -nav brdc1510.17n -ref shao1510.17o -apr ../tables/itrf08.apr
```

执行以上命令后，将在脚本执行目录下看到输出的两个文件 lfile.jfng 和 jfng.apr。其中 lfile.jfng 中的概略坐标以大地坐标表示，而 jfng.apr 中的概略坐标以空间直角坐标表示。

第二节 时间系统

卫星导航系统最重要的两个功能：定位和授时，两者都离不开时间概念。时间的计量对于卫星定轨、地面点与卫星之间的距离测量至关重要，精确授时设备是导航定位卫星的重要组成部分。卫星系统是连续运行的，要求时间也是连续的，为了进行高精度定位，卫星上的时间计量设备要具有很高的精度，因此多采用原子钟，相应的时间称为原子时。GPS 和北斗导航定位都采用各自的原子时，分别是 GPST 和 BDST。

通用时间，即为世界协调时 UTC，年积日表示一年中的第几天。为了便于计算两个给定日期的天数而引入儒略日 JD，其起点是公元前 4713 年 1 月 1 日格林尼治时间平午（12:00），由于儒略日数字很大，通常采用简化儒略日 MJD，MJD＝JD－2 400 000.5，MJD 的起点是 1858 年 11 月 7 日 00 时。

GPST 与 UTC 的关系：GPST＝UTC＋跳秒。BDS 时 BDST 的起点为 2006 年 1 月 1 日 0 点 0 分 0 秒。BDS 周和 GPS 周相差 1356 周，BDS 秒和 GPS 秒相差 14s。

GAMIT 的 tables 目录下存在一些需要定期更新的文件，其中包含 IERS 的地球自转参数表 UT1、极移表 POLE，按周更新；太阳星历表 SOLTAB、月亮星历表 LUNTAB、章动表

NUTABL、跳秒表 LEAP.SEC,按年更新。

世界时(UT),定义为平太阳相对格林尼治子午面的时角加 12h。世界时区分为 UT0、UT1、UT2。UT0 是由观测直接得到的,UT0 加上极移改正得到 UT1,UT1 加上季节性变化改正得到 UT2。在卫星定位计算中,UT1 主要用来计算格林尼治恒星时,建立地固系与惯性系之间的关系。

地球自转是不均匀的,存在着多种短周期变化和长周期变化。短周期变化是由于地球周期性潮汐影响,变化周期包含 2 周、1 个月、6 个月、12 个月。长周期变化表现为地球自转速度缓慢变小。UT1 是地球自转参数之一,它与地球绕瞬时历书轴的自转角成正比。

UT0 和 UT1 关系的准确概念:

(1)UT1 是地球自转参数之一。UT1 的数值与地球坐标系的参考极的选取无关,也就是与地极坐标原点的选取无关。因此,各服务机构得到的 UT1 序列之间除观测误差外不存在其他系统误差,它们是直接可比的。

(2)UT0 不是地球自转参数,它仅是用单台站观测资料归算 UT1 过程中人为赋予的暂定值,因此没有独立的天文意义。一个具体 UT0 序列只对一特定台站有意义,它不具有全球意义。UT0 的数值与地球坐标系参考极的选取有关,即与极坐标原点的选取有关。

GAMIT 中 doy 命令为时间的转换命令,其输出信息有 3 行:

```
$ doy 2017 151
Date 2017/05/31  0:00 hrs,DOY 151 JD   2457904.5000 MJD   57904.0000
GPS Week   1951 Day of week   3,GPS Seconds 259200 Day of Week Wed
Decimal Year 2017.410958904 GRACE Seconds 549460800.0
```

第一行显示通用时间(Date)、年积日(Doy)、儒略日(JD)、简化儒略日(MJD)。

第二行显示 GPS 周(GPS Week)、GPS 周内天(Day of Week,范围 0~6)、周内秒(GPS Seconds)。

第三行十进制年(Decimal Year)。

第三章 GAMIT/GLOBK 和辅助程序安装

GAMIT/GLOBK 的安装其实就是软件重新编译的过程,在 Linux 系统下面编译需要一些编译器和依赖库,所有安装编译过程可以分解为 3 部分:①安装依赖环境;②编译 GAMIT/GLOBK,同时修改参数;③设置环境变量。Linux 系统下面的大多数软件都是如此,只不过有些软件已经是编译后的可执行文件(比如 TEQC),这样只需要直接添加环境变量即可。

第一节 GAMIT/GLOBK 安装方法

进入 Ubuntu 系统并确认已连接互联网后,按以下步骤操作。

1. 安装依赖环境

首先打开终端(类似于 Windows 下的 cmd,快捷键是 Ctrl+Alt+T),输入命令:

```
sudo -s
```

将会提示输入账户密码,输入正确之后就会获取系统的 root 权限(类似于 Windows 下的管理员账户权限,注意输入的密码默认不显示,不要误认为没有输入,输完以后直接回车即可)。接下来就要安装一些支持 GAMIT 的软件包,只需依次输入以下代码,根据网络环境耐心等待即可。

```
#依次安装 gcc、gfortran 编译器,输入每一条语句,以回车结束
apt-get install gcc
apt-get install gfortran
#依次安装 csh、tcsh,GAMIT 自带处理脚本都是用 csh 语法编写的
apt-get install csh
apt-get install tcsh
# libx11-dev,在调用 X11 服务器的 API 时需要安装
apt-get install libx11-dev
```

GAMIT 安装需要 csh/tcsh 环境(建议安装采用 csh 环境,GAMIT 在 bash 环境下使

用)、gfortran 编译器和 libx11-dev 库支持。gfortran 是软件推荐使用的编译器;libx11-dev 是 X11 的程序开发库,它提供的 libX11.a、libX11.so、libX11.dylib、libX11.la、libX11.dll.a 以及 Xlib.h 是 GAMIT 安装必须用到库文件,主要是为 GLOBK 提供图形库支持。

2. GAMIT 软件源的准备

以 GAMIT 10.61 版本为例,将获取的软件源码 gamit10.61.zip 拷贝到/home 文件夹下并解压文件;将 gamit10.61 整个文件夹移动到/opt 目录下,在终端中输入以下命令:

```
mv /home/gamit10.61 /opt
```

如果提示权限不够,那么还是按照之前的方法,输入 sudo -s 来获取权限再试一遍,然后用进入存放源码的文件夹,代码如下:

```
cd /opt/gamit10.61
```

将 install_software 文件权限修改为可执行,代码如下:

```
chmod +x install_software
```

3. 配置 Shell

首先查看当前终端的 Shell 类型,一般情况下 Ubuntu 默认是 bash,虽然 GAMIT 是用 csh 写的,但是经过测试,既可以在 csh 环境安装,也能在 bash 环境中安装。输入命令:

```
echo $SHELL
#输入上面语句回车,会显示如下信息:
/bin/bash
```

若想在 csh 环境安装 GAMIT,则需要改变当前的 Shell。下面介绍一下临时改变 Shell 的简单方法,若是由 bash 改变为 csh,只需要在终端输入 csh 即可,同理改回来只需输入 bash。临时改变 Shell 只对当前的终端是有效的,但这对于 GAMIT 的安装已经足够了。

如果用户想改变登入时的默认 Shell(不推荐这种做法,平时用 bash 更多些),操作如下:在终端输入 chsh,按提示输入密码(如果是在 root 身份就不需要密码)。然后输入 Shell 的路径,以下操作是从 bash 改变为 csh:

```
chsh
密码:
正在更改 chenchao 的 shell
请输入新值,或者直接敲回车键已使用默认值
登录 shell [/bin/bash]:/bin/csh
```

完成上述步骤以后,输入"echo $SHELL",再查看一下,发现显示信息仍然为/bin/bash。注意,这里是改变登录时默认 Shell,因此若想让以上改变生效,只需要注销下,重新

登录就完成更改默认 Shell。

4. 开始安装 GAMIT/GLOBK

前面的准备工作完成以后,在/opt/gamit10.61 目录下执行下面命令:

```
./install_software
```

GAMIT 的安装就会正式开始。注意查看询问事项,前面的询问一般为是否解压文件,直接输入"y"进入下一步;当遇到询问确认 X11 的路径是否配置正确的时候,不要急于输入"y",此时使用快捷键"Ctrl+Shift+T"(在同一个终端中开启新的标签),进入 libraries 目录,编辑 Makefile.config 文件内容:

```
cd /opt/gamit10.5/libraries
sudo gedit Makefile.config
```

如果熟悉 vim 操作,建议编辑文本处理;如果不熟练,那就利用 gedit 打开文本对话框(类似于 Windows 下面的记事本 notepad.exe)。

第一,修改 X11 的路径所在,根据安装系统版本不同,路径不尽相同。下面是笔者 Makefile.config 中显示的内容,需要确认文档中的 X11 路径是否正确,如果有误需要手动修改过来:

```
# ---------------------common--------------------------#
#    X11 library location-uncomment the appropriate one for your system
#    Generic (will work on any system if links in place)
X11LIBPATH /usr/lib/x86_64-linux-gnu
X11INCPATH /usr/include/X11
#    Specific for Sun with Openwindows
#X11LIBPATH /usr/openwin/lib
#X11INCPATH /usr/openwin/share/include/X11
```

1)查找 X11 LIBPATH 路径

如何判断路径是否正确?按"Ctrl+Shift+T"打开另一个终端,并在此终端内输入搜索本机 X11 路径:

```
locate libX11
```

查找文件路径,可以用 find 命令,而 locate 命令用于查找文件,比 find 命令的搜索速度快,但它需要一个数据库,这个数据库由每天的例行工作程序来建立。当建立好这个数据库后,就可以方便地搜寻所需文件了。如下面方框内的路径即为本机 X11LIBPATH 真实路径,将此路径复制到 Makefile.config 中的对应位置。

```
chaoshu@cc:/opt/gamit10.61 $ locate libx11
/usr/lib/i386-linux-gnu/   libx11-xcb.so.1
/usr/lib/i386-linux-gnu/   libx11-xcb.so.1.0.0
/usr/lib/i386-linux-gnu/   libx11.a
/usr/lib/i386-linux-gnu/   libx11.so
/usr/lib/i386-linux-gnu/   libx11.so.6
/usr/lib/i386-linux-gnu/   libx11.so.6.3.0
/usr/share/doc/libx11-dev/libx11
/usr/share/doc/libx11-dev/i18n/compose/libx11-keys.html
/usr/share/doc/libx11-dev/i18n/compose/libx11-keys.html.db
/usr/share/doc/libx11-dev/i18n/compose/libx11-keys.pdf.db.gz
/usr/share/doc/libx11-dev/i18n/compose/libx11.html
/usr/share/doc/libx11-dev/i18n/compose/libx11.html.db
/usr/share/doc/libx11-dev/i18n/compose/libx11.pdf.db.gz
chaoshu@cc:/opt/gamit10.61 $
```

2）查找 X11INCPATH 路径

```
locate Xlib.h
/usr/include/X11/Xlib.h
```

查找出来在 Xlib.h 前面的路径/usr/include/X11/即为 X11INCPATH 在本机的真实路径。

注意，如果 locate 找不到某个文件，而该文件肯定存在，那一定是 updatedb 生成的信息库已经过时了。此时需要做的就是以 root 身份进入，然后执行 updatedb 命令，重新建立整个系统所有文件和目录的资料库，虽然这个过程可能会需要一点时间，但此后再查找文件时就方便多了。

第二，修改 GAMIT 的内部参数。实际上就是写代码时声明的常量。分别是 MAXSIT（最大测站数）、MAXSAT（最大卫星颗数）、MAXATM（最大的天顶延迟）和 MAXEPC（最大历元数）；在这里，将 MAXATM 改为 25（默认为 13），MAXEPC 改为 5760 即可。其实，在这里不改也是可以的，以后用到的时候再改也不迟，这些常量的定义分别位于/gamit/include/dimpar.h 和 makex.h 头文件中，修改完了重新编译即可。

```
# GAMIT size dependent variables(read by script 'redim' which edits the include files)
MAXSIT    60
MAXSAT    32
MAXATM    25
MAXEPC    2880
```

第三,修改 Linux 操作系统版本号。找到文本中的"for Linux from 0.0.1 to 3.0.0",如下方框所示位置:

♯ ----- for Linux from 0.0.1 to 3.0.0 - - ♯
OS_ID Linux 0001 3000
♯ ASSIGMENTS

修改其中的一行,OS_ID Linux 0001 3000,记住只需修改最后的 4 个数字,这 4 个数字为用户自己的计算机版本号。如何查看操作如下:

chaoshu@cc:/opt/gamit10.61 $ uname -a   终端内输入 uname -a 查看当前操作系统的版本号。
Linux cc 3.19.0-25-generic ♯26~14.04.1-Ubuntu SMP Fri Jul 24 21:18:00 UTC 2015 i686 i686 GNU/Linux
chaoshu@cc:/opt/gamit10.61 $

如上所示,操作系统的版本号是 3.19.0-25;但是在 GAMIT 中,只记录下操作系统版本号前 4 位,因此在这种情况下的版本号应记为 3190。如下所示:

♯-----for Linux from 0.01 to 4.4.0.6 --| ♯
OS_ID Linux 0001 3190

保存上面的所有修改。如果是 gamit10.5 版本,上面 3 个修改完成就可以进行下面的安装了,如果是 gamit10.6 版本,那么还需要检查第 4 个修改的地方。

第四,如果电脑是 32 位操作系统,那么就要将 Makefile.config 文件中的全部 m64 改为 m32,另外/opt/gamit10.61/gamit/solve/Makefile.generic 该文件中的所有 m64 也要改为 m32;gedit 可以利用查找替换完成;如果使用 vim,在命令模式下输入语句"%s/m64/m32/g",然后保存退出即可(图 3-1)。

至此,需要手动修改的地方全部修改完毕。此时,再回到之前停留在询问的终端窗口中,遇到询问后输入 Y 继续安装。最后就会提示 GLOBK 已经安装成功,并提醒使用者配置路径。

5.配置 GAMIT 环境变量

GAMIT 安装以后需要配置 bash 和 csh 环境变量。csh 配置方法如下:需要在 home 目录下新建一个空白文档,并重命名为.cshrc。注意:这是一个隐藏文件,因此在这之前,应该按下"Ctrl+H"键,显示所有的隐藏文件,然后双击打开新建的.cshrc 文件。也可以采用 vim 命令创建.cshrc 文件,完成了以后复制以下内容到该文件中:

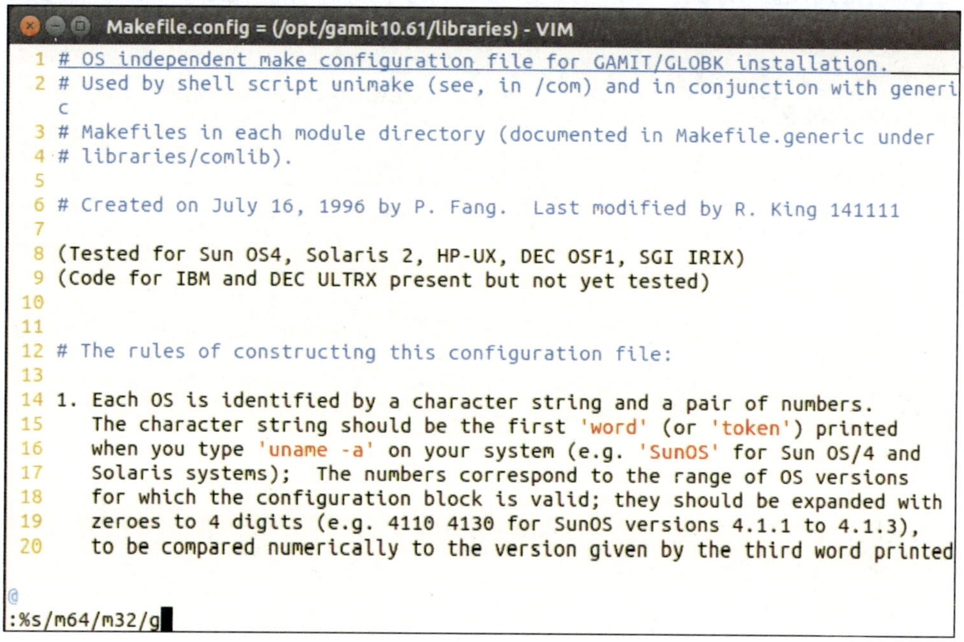

第三章 GAMIT/GLOBK 和辅助程序安装

```
1  # OS independent make configuration file for GAMIT/GLOBK installation.
2  # Used by shell script unimake (see, in /com) and in conjunction with generi
   c
3  # Makefiles in each module directory (documented in Makefile.generic under
4  # libraries/comlib).
5
6  # Created on July 16, 1996 by P. Fang.  Last modified by R. King 141111
7
8  (Tested for Sun OS4, Solaris 2, HP-UX, DEC OSF1, SGI IRIX)
9  (Code for IBM and DEC ULTRX present but not yet tested)
10
11
12 # The rules of constructing this configuration file:
13
14 1. Each OS is identified by a character string and a pair of numbers.
15    The character string should be the first 'word' (or 'token') printed
16    when you type 'uname -a' on your system (e.g. 'SunOS' for Sun OS/4 and
17    Solaris systems);  The numbers correspond to the range of OS versions
18    for which the configuration block is valid; they should be expanded with
19    zeroes to 4 digits (e.g. 4110 4130 for SunOS versions 4.1.1 to 4.1.3),
20    to be compared numerically to the version given by the third word printed
:%s/m64/m32/g
```

图 3-1 vim 替换文件中的 m64 为 m32 操作

```
set gg = '/opt/gamit10.61'
setenv PATH "$gg/com:$gg/gamit/bin:$gg/kf/bin:$PATH"
setenv HELP_DIR "$gg/help/"
setenv INSTITUTE 'MIT'
```

保存完成后,回到终端中输入"source ~/.cshrc",对该配置文件进行加载,那么这个路径就生效了。若想验证有没有配置成功,只需要在终端下输入"echo $PATH",看看有没有 gamit 的路径,若有的话就成功了。

以上为 csh 的路径配置,下面介绍 bash 的路径配置,只需要在终端输入"sudo gedit ~/.bashrc"打开文件(同样可以通过 vim 进行操作),在文件的最后添加以下代码即可:

```
gg='/opt/gamit10.5'
PATH="$gg/com:$gg/gamit/bin:$gg/kf/bin:$PATH" && export PATH
HELP_DIR="$gg/help/" && export HELP_DIR
INSTITUTE='MIT' && export INSTITUTE
```

保存退出,回到终端重新加载配置文件 source ~/.bashrc。检查是否安装成功如图 3-2 所示。

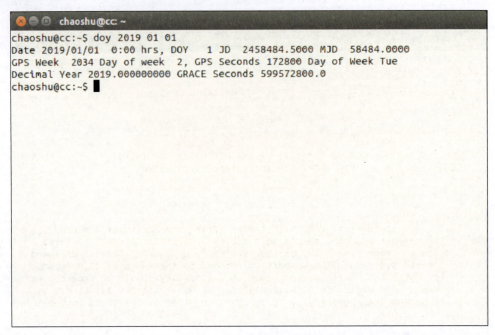

图 3-2 测试 GAMIT 软件是否安装成功（运行 doy 命令）

第二节　GMT 安装方法

1. GMT 是什么

GAMIT/GLOBK 的绘图功能需要第三方绘图软件支持，默认是 GMT 软件。GMT (Generic Mapping Tools) 是在美国国家科学基金会的资助下，于 1987 年由 Paul Wessel 和 Walter 共同开发的一款免费、开源的通用地图制图工具软件。

所有的 GMT 绘图模块是用命令行形式写成的，而不用 Windows 界面环境，以求最大程度地体现灵活性，并采用标准化 Post-Script 输出格式，而不用后文件(meta-file)的形式，提供了高质量跨平台的图形打印格式，这也是 GMT 被广泛应用的原因。并且 GMT 除了支持海岸线数据 GSHHG 和全球数字图表 DCW(GMT5 中开始使用)外，完全分离了由主 GMT 程序读取数据的操作并使用独立结构的文件格式。用户可以通过命令行、脚本、用户程序等方式调用 GMT 程序，并结合地形、速度场、地震信息、配色方案等数据，将复杂的信息以高质量的 ps(Post-Script)格式输出，或者利用格式转换命令转换成其他格式输出，得到满足各种需求的精美二维和三维图形。基于 GMT 强大的绘图功能以及语言简单、操作方便等优点，GMT 软件目前已在地理、大气、海洋等领域获得了较为广泛的应用。

目前 GAMIT 中很多画图命令还是基于 GMT4 编写的，所以推荐安装 GMT4。但是软件已经发展到 GMT5 新版本，新版本与旧版本语法差别比较大，GAMIT 也逐步开始支持 GMT5。

2. GMT 安装方法

1）GMT4.5.15 在 Linux 下的安装

下载软件有：

官方软件 ftp://ftp.soest.hawaii.edu/gmt；国内镜像软件：http://mirrors.ustc.edu.cn/gmt/。

需要下载的安装包有：

(1)gmt-4.5.15-src.tar.bz2（http://mirrors.ustc.edu.cn/gmt/gmt-4.5.15-src.tar.bz2）；

(2)gshhg-gmt-2.3.6.tar.gz（http://mirrors.ustc.edu.cn/gmt/gshhg-gmt-2.3.6.tar.gz）。

下载完成后，可以用 md5sum 检查压缩文件的 md5 值，以保证该文件是完整且未被篡改的：

```
md5sum gmt-4.5.15-src.tar.bz2 gshhg-gmt-2.3.6.tar.gz
9572138a0105a210638038171617daae  gmt-4.5.15-src.tar.bz2
108fd757939d3e5f8eaf385e185d6d14  gshhg-gmt-2.3.6.tar.gz
```

依赖关系：编译 GMT 时需要一些开发工具（gcc、g++ 和 make）以及底层的库文件 libc.so 和 libm.so，命令代码如下：

```
sudo apt-get update
sudo apt-get install gcc g++ make libc6
```

2）netCDF 库

GMT4 主要依赖于 netCDF4，可以直接使用 Linux 发行版官方源中提供的 netCDF 包。除了 netCDF 之外，建议还安装 gdal 包。虽然 GMT 不依赖于 gdal，但 gdal 可以轻松地将其他数据格式转换为 GMT 可识别的格式。命令代码如下：

```
sudo apt-get update
sudo apt-get install libnetcdf-dev libgdal-dev python-gdal
```

注意：libgdal-dev 在某些版本的 Ubuntu 下叫 libgdal1-dev。

3）X 相关库

GMT4 中的 xgridedit 命令是一个很简易的带 GUI 的网格文件编辑器，其依赖于一堆图形界面相关库文件：libICE.so、libSM.so、libX11.so、libXaw.so、libXext.so、libXmu.so、libXt.so。命令代码如下：

```
sudo apt-get update
sudo apt-get install libxaw7-dev
sudo apt-get install libice-dev libsm-dev libx11-dev
sudo apt-get install libxext-dev libxmu-dev libxt-dev
```

4)安装 GMT

(1)编译 GMT 源码。

```
tar -xvf gmt-4.5.15-src.tar.bz2
cd gmt-4.5.15
./configure --prefix=/opt/GMT-4.5.15
make
sudo make install-all        #注意:这里是 install-all 不是 install
```

其中"--prefix"指定了 GMT 安装路径,可以指定为其他路径,但要注意后面其他步骤要与这里的路径统一。

(2)安装海岸线数据。

```
cd ../
tar -xvf gshhg-gmt-2.3.6.tar.gz
sudo mv gshhg-gmt-2.3.6 /opt/GMT-4.5.15/share/coast
```

(3)修改环境变量。

在~/.bashrc 文件中加入 GMT4 的环境变量,并使环境变量生效。

```
echo 'export GMT4HOME=/opt/GMT-4.5.15' >> ~/.bashrc
echo 'export PATH=${GMT4HOME}/bin:$PATH' >> ~/.bashrc
echo 'export LD_LIBRARY_PATH=${LD_LIBRARY_PATH}:${GMT4HOME}/lib64' >> ~/.bashrc
exec $SHELL -l
```

说明:

第一个命令向~/.bashrc 中添加环境变量 GMT4HOME。

第二个命令修改~/.bashrc,将 GMT4 的 bin 目录加入到 PATH 中。

第三个命令将 GMT4 的 lib 目录加入到动态链接库路径中,若为 m32 位操作系统,则为 lib;若为 m64 位操作系统,则为 lib64。

第四个命令是重新载入 bash,相当于 source ~/.bashrc。

3. 实用教程

在使用 GMT 作图时，多数是基于 Shell 脚本来实现的，比如绘制 GNSS 站点分布图和 GNSS 站点速度场。

(1) 站点分布图绘制(图 3-3)，站点输入文件 shubao.txt 的格式代码如下。

```
# 站点信息文件 shubao.txt
# lon lat site
103.9342294 36.34922908 LZGL_2087
104.1369132 35.94570172 LZXG_1739
103.2504043 36.74779961 LZYD_2114
104.6356043 37.07130588 BYYX_1337
103.6939455 36.89400682 BYZL_2004
……
```

利用 csh/tcsh 编写 GMT 绘图脚本：

```
#!/bin/tcsh
set outfile = shubao.ps
set file = shubao.txt
gmtset BASEMAP_TYPE plain
psbasemap -R100/111/32/38 -JM18 -Ba2f1/a2f1WeSn -P -X2.0 -Y4.0 -K > $outfile
grdimage asia_topo30.grd -CGMT_topo.cpt -R -JM18 -P -K -O -V >> $outfile
pscoast -R -JM18 -Lf101.5/32.5/25/100+l'km' -Df -N2 -S32/128/250 -W2 -K -O -V >> $outfile
psxy CN-border-La.dat -J -R -M -W0.2p -O -K >> $outfile
makecpt -Crainbow -T900/3600/200 > shubao.cpt
psxy haiba.txt -R -JM18 -Sc0.2 -Cshubao.cpt -W1 -O -K >> $outfile
awk '{print $1,$2,6,0,1,"CM",substr($3,1,4)}' $file | pstext -R -D0/-0.25 -JM18 -G0/0/0 -O -K >> $outfile
echo "109.55 36.7 10 0 0 CM m" | pstext -R -J -G0/0/0 -O -K >> $outfile
psscale -D15.5/7/4/0.3 -Cshubao.cpt -Ba500f500 -K -O >> $outfile
psbasemap -R72/135/16/55 -JM5 -B0 -Gwhite -X13 -Y0 -K -O >> $outfile
pscoast -R -JM5 -Df -N1 -W -A5000 -K -O >> $outfile
psxy CN-border-La.dat -J -R -M -W0.2p -O -K >> $outfile
```

```
psxy -R -JM5 -W2p,red  -O -L <<END  >> $outfile
100 32
100 38
111 38
111 32
END
ps2raster -A -P $outfile
ps2raster -A -P -Tf $outfile
```

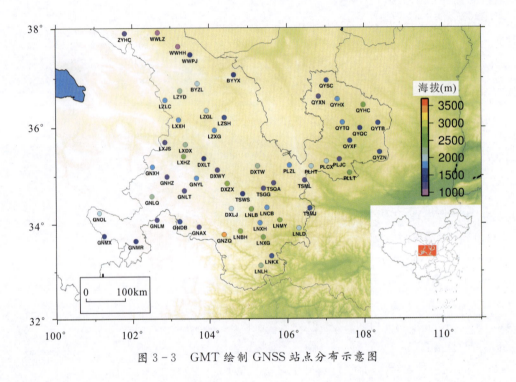

图 3-3 GMT 绘制 GNSS 站点分布示意图

(2)GNSS 站点速度场绘制,速度场输入文件 hor_coseismic.txt。

```
#lon lat E N Esig Nsig corr site
81.714362 28.655819   0.095500 0.187229 0.025648 0.020351 0 BMCL
87.272190 26.519712   0.285224 0.164695 0.025926 0.025929 0 BRN2
80.626194 29.176516   0.062556 0.068752 0.042676 0.0402300 GNTW
80.581782 28.754444 -0.021973 0.260338 0.022105 0.023616 0 DNGD
……
```

利用 csh/tcsh 编写 GMT 绘图脚本(图 3-4):

```bash
#!/bin/bash
gmtset BASEMAP_TYPE plain
gmtset LABEL_FONT_SIZE=14p
output="coseismic_hor.ps"
veloFile="hor_coseismic.txt"
f100="100.txt"
f10="10.txt"
f1="1.txt"
veloBiLi="velo_example.txt"
himalayasiez="himalaya_size.txt"
psbasemap -R76/96/23/35 -JM18 -Ba4f2/a3f1.5WeSn   -P -X2.0 -Y4.0 -K  >> $output
grdimage etopo2.grd -CGMT_topo.cpt -R -JM18 -P -K -O -V >> $output
pscoast -R -JM18 -Ba4f2/a3f1.5WeSn -Lf78/24/30/200+lkm+jr  -A2000 -Di -N1 -W2 -K -O -V >> $output
pstext names.txt -R -JM18 -G000/000/000 -O -K  -V >> $output


psxy Asia_faults.Lslip   -R -JM18 -Sf-3.0/0.15ls  -W2/032/100/210  -V -K -O -H -M >> $output
psxy Asia_faults.Rslip   -R -JM18 -Sf-3.0/0.15rs  -W2/032/100/210  -V -K -O -H -M >> $output
psxy Asia_faults.Normal  -R -JM18 -Sf-3.0/0.15lf  -W2/032/100/210  -V -K -O -H -M >> $output
psxy Asia_faults.Rthrust -R -JM18 -Sf1.0/0.10R:0.4 -W2/032/100/210  -V -K -O -H -M >> $output
psxy Asia_faults.Lthrust -R -JM18 -Sf1.0/0.10L:0.4 -W10/032/100/210  -V -K -O -H -M >> $output


awk ' sqrt( $4 * $4+ $3 * $3)<= 1 { print $1, $2, $3, $4, $5, $6, $7, $8 } ' $veloFile | psvelo  -JM18 -R -A0.06/0.30/0.15 -G155/055/255 -Se2/0.95/10 -K -O -W4/000/000/000 -L -V >> $output
awk ' sqrt( $4 * $4+ $3 * $3)<= 20 && sqrt( $4 * $4+ $3 * $3)>1.01   { print $1, $2, $3, $4, $5, $6, $7, $8 } ' $veloFile | psvelo  -JM18 -R -A0.06/0.30/0.15 -G000/055/255 -Se0.2/0.95/10 -K -O -W4/000/000/000 -L -V >> $output
```

```
awk ' sqrt( $4 * $4+ $3 * $3)>21 { print $1,$2,$3,$4,$5,$6,$7,$8 } ' $velo-
File | psvelo  -JM18 -R -A0.06/0.30/0.15 -G255/055/005 -Se0.02/0.95/10 -K -O -W4/
000/000/000 -L -V >> $output

# pstext %veloBiLi% -R76/96/25/35 -JM18 -G000/000/000 -O -K  -V >> $output

psvelo $f100 -JM18 -R -A0.06/0.30/0.15 -G255/055/005 -Se0.02/0.95/10 -K -O -W4/
000/000/000 -L  >> $output

psvelo $f10 -JM18 -R -A0.06/0.30/0.15 -G000/055/255 -Se0.2/0.95/10 -K -O -W4/000/
000/000 -L  >> $output

psvelo $f1 -JM18 -R -A0.06/0.30/0.15 -G155/055/255 -Se2/0.95/10 -K -O -W4/000/
000/000 -L  >> $output

psbasemap -R72/135/16/55 -JM4 -B0 -Gwhite -X14.0 -Y9.2 -K -O  >> $output
pscoast -R72/135/16/55 -JM4 -Df -N1 -W -A5000 -K -O >> $output
psxy $himalayasiez -R72/135/16/55 -JM4 -W2p,red -O -L >> $output

ps2raster -A -P $output
ps2raster -A -P -Tf $output
```

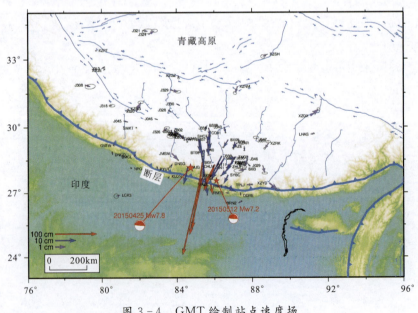

图 3-4 GMT 绘制站点速度场

第三节　TEQC 安装及使用

TEQC(Translate/Edit/QualityCheck/Coordinate)是由 UNAVCO 研制的，为地学研究提供 GNSS 监测站数据管理服务的公开免费软件，可用于检查双频 GNSS 接收机的动态和静态数据质量。它利用伪距观测值和载波相位观测值的线性组合来进行 GNSS 数据中的误差估计，在快速评定 GNSS 数据质量方面有非常大的优势：一方面速度快，没有繁琐的操作步骤，只用几条简单的命令即可；另一方面能对 GNSS 观测数据进行多角度全方位的质量分析，能分别从卫星高度角、方位角、多路径效应、电离层延迟误差、电离层延迟变化率和信噪比等方面进行分析，并在 Qcview 中用图形的形式直观地反映 GNSS 观测数据的质量。

在 Ubuntu 系统安装 TEQC；软件下载地址：http://www.unavco.org/software/data-processing/teqc/teqc.html。

下载相应的系统版本，解压以后获得一个可执行文件 teqc，可以在当前目录下直接在终端中运行 teqc，为了确保在任何路径下都能运行 teqc，可以将 teqc 复制到/opt/teqc 目录下面，并在~/.bashrc 中设置环境变量。命令代码如下：

```
# for teqc
export PATH= $PATH:/opt/teqc
```

TEQC 主要有格式转换(Translate)、数据编辑(Edit)、质量检查(Quality Check)和单点定位(Coordinate)4 个方面的功能。

格式转换可将许多不同厂家的 GNSS 接收机观测文件转换成标准格式 RINEX 文件；数据编辑可用于对 RINEX 文件的字头块部分，也可以进行数据文件的任意切割与合并、卫星系统的选择和删减、接收机通道的选择和卫星高度角的设置等；质量检查可以反映出 GPS 数据的电离层延迟、多路径效应、周跳和信噪比等信息；单点定位则可以粗略计算出点位在 WGS84 坐标系中的坐标和在大地坐标系中的坐标。

它的 4 个模块是相互独立、互不影响的，既可以单独使用其中的一个模块，也可以组合使用，不仅可以处理 GPS 系统，也可以处理 GLONASS 系统等 GNSS 系统。但它也有明显的不足之处：基于 DOS 界面，对它的操作是建立在命令行的基础上，因此要想用好它必须熟悉许多繁杂的命令；能很好地反映观测数据的质量，但在对观测数据的修复改正功能还不是很完善。

一、TEQC 命令使用

TEQC 软件的命令格式非常有规律，其基本格式为：
teqc {options} [File1 File2…] > File

其中，teqc 是可执行程序的名字，options 控制参数，teqc 软件包含了 300 种左右的参数，可以控制完成各种功能，如格式转换、数据编辑、质量检查、点位坐标计算和帮助等。在参数前总会包含有"＋"或"－"符号，"＋"表示打开某一参数功能，也可以表示输出数据到屏幕（或文件）。"－"表示关闭某一参数功能或输入数据到文件。"File1"和"Fiel2"为待处理的数据文件。"＞File"表示把处理结果保存到"File"中，若"File"所在目录已有名为"File"的文件，则会覆盖，否则自动创建名为"File"的文件。

二、RINEX 格式转换（Translate）

不同的 GNSS 接收机采用不同的数据格式，这给 GNSS 数据处理造成了一定的困难。为了解决后处理软件数据的交换和输入格式问题，伯尔尼大学天文研究所提出了独立于接收机类型的数据交换格式 RINEX，这一数据格式在科学研究领域得到了广泛的应用。大部分 GNSS 接收机生产厂家都提供了相应的转换软件，但并非完全标准。在实际使用中，经常遇到格式不兼容的问题。TEQC 软件的格式转换具有很好的通用性和较强的功能，适用于目前较常用的多数 GNSS 接收机，而且还在不断地扩展。它主要是通过读入数据头文件部分来自动识别接收机的类型。

目前，TEQC 可以转换的接收机数据文件大多是国外比较有名的 GNSS 接收机，比如美国的 AOA、ASHTECH、MOTOROLA、TRIMBLE、TECOM INDUSRTIES、ROGUE，瑞士的 LEICA，加拿大的 CMC，瑞士的 WILD 等，但是却不能识别中国的 HD 系列接收机和南方的北极星系列接收机。

以 TRIMBLE 5700 为例，把 TRIMBLE 5700 接收机所接收到的数据文件转换成 RINEX 观测数据文件、导航数据文件和气象文件，其他类型的接收机转换与之类似。命令格式如下：

```
teqc -tr do -week 1323 +nav trimbel.05n trimble.dat ＞ trimble.05o
```

注意 TEQC 区分大小写，所以在写命令时一定要注意。

命令中："-tr"指明接收机的类型为 trimble；"do"指明输入文件为 Dat 文件、输出为 RINEX 观测数据文件（o 文件）；"-week 1323（可选）"指明观测日期对应的 GNSS 周数，或以年/月/日方式表示（即上述命令也可以表示成 teqc -tr do -week 2005/05/18 +nav trimbel.05n trimbel.dat ＞trimbel.05o）；"+nav"指明同时输出 RINEX 导航数据文件；转换结果文件为观测数据文件 trimbel.05o 和导航文件 trimbel.05n。

其中，上述命令的控制参数设置项根据 GNSS 接收机种类的不同可自行设置，常用的 GNSS 接收机对应的控制参数如表 3-1 所示。

表 3-1 常用的 GNSS 接收机对应的控制参数

控制参数	对应的接收机类型	控制参数	对应的接收机类型
-aoa	AOA(JPL)	-rock	Rockwell
-ash	Ashtech	-tr	Trimble
-cmc	Canadian Marconi	-ti	Tecom Indusrties
-lei	Leica	-rogue	Rogue
-mot	Motorola	-wild	Wild

三、数据编辑(Edit)

TEQC 具有强大的数据编辑功能,下面把主要的编辑功能命令逐一介绍。

1. 头文件的编辑

RINEX 的观测数据文件(*.??o)、导航数据文件(*.??n)和气象数据文件(*.??m)的头文件部分均可利用 TEQC 软件进行设置和更改,还可添加新的注释行且原有的注释行保持不变。利用 TEQC 软件对 RINEX 观测数据文件(*.??o)的头文件部分进行设置和更改的格式为:

```
teqc -O.*"" input file >output file
teqc -O.mo good trimble.05o >temptrimble.05o
```

命令中,"-O.mo good"指明将文件的"测站名"记录更改为"good""temptrimble.05o"为更改后输出的 RINEX 观测数据文件。在这里必须重新设置输出文件名,即不能与被处理文件 trimble.05o 同名,否则输出文件为空文件。

除了可更改测站名外,还可以修改其他信息。其他常用的设置项如表 3-2 所示。

表 3-2 TEQC 头文件信息编辑常用指令

指令	含义	指令	含义
-O.mn	设置测站点编号	-O.at	设置天线类型
-O.rn	设置接收机编号	-O.pe	设置天线高偏心改正
-O.rt	设置接收机类型	-O.int	设置采样间隔(s)
-O.an	设置天线编号	-O.c	追加注释

RINEX 导航数据文件和气象数据文件的编辑工作与观测数据文件类似,只不过导航数据文件的设置项以"-N."开头,气象数据文件以"-M."开头,而观测文件是以"-O."开头。

2. RINEX 文件的切割

在进行 GPS 数据观测时,一般情况下刚开始一段时间的观测数据精度较差,所以对观测数据文件中时间的选取就势在必行。在 TEQC 中,利用时间窗可对 RINEX 文件进行任意的切割,使得对 RINEX 文件的提取相当容易。时间窗的设置常采用以下几种格式。

(1)[start]+d[Y,M,d,h,m,s]指定以 RINEX 文件开始观测时间为上限的时间间隔+d[Y,M,d,h,m,s]的数据。若提取的时间段以年(月/日/小时/分钟/秒)为单位则控制参数应为 dY(dM/dd/dh/dm/ds),例如提取 trimble 中前 10 个小时的数据命令格式如下:

teqc +dh 10 timble.05o>trimble10.05o

(2)-d[Y,M,d,h,m,s][end]指定以 RINEX 文件结束观测时间为下限的时间间隔-d[Y,M,d,h,m,s]的数据。

(3)-st[YYMMddhhmmss[.sss…]][end]指定时间窗上限-st[YYMMddhhmmss[.sss…]],默认以 RINEX 文件结束观测时间为下限的数据。

(4)[start]-e[YYMMddhhmmss[.sss…]]指定时间窗的下限-e[],默认以 RINEX 文件开始观测时间为上限的数据。

(5)-st[YYMMddhhmmss[.sss…]]-e[YYMMddhhmmss[.sss…]],提取时间段-st[YYMMddhhmmss[.sss…]]到-e[YYMMddhhmmss[.sss…]]的观测数据。如:要想提取 trimble 中 10~13 点的数据,命令如下:

teqc -st 20040420100000 -e 20040420120000 trimble.05o > trimble1012.05o

(6)-st[YYMMddhhmmss[.sss…]]+d[Y,M,d,h,m,s],提取从 st[YYMMddhhmmss[.sss…]]开始顺延 d[Y,M,d,h,m,s]时间的数据信息。

3. RINEX 文件的合并

TEQC 既然可以对 RINEX 进行切割,也可以对其进行合并。但要注意的是要合并的文件除了要求是 RINEX 格式外,还必须是在时间上连续的文件。合并的命令格式如下:

teqc file1 file2 … > myfile

表示把 file1,file2…合并为 myfile 并输出。

4. 卫星系统的选择和特定卫星的禁用

对于 GPS/GLONASS 双星接收机,可以使用 TEQC 进行卫星的选用,如去掉 GLONASS 卫星数据的指令是:

teqc -R 输入文件 > 输出文件;

teqc -R unb12600.03o > unb12600.new

禁用 PRN# 的 GNSS 卫星的观测数据指令是：

teqc -G#输入文件＞输出文件，其中 PRN# 为卫星的编号。

teqc -G6 test.08o ＞ test.08o

5. 设置卫星高度角

电离层延迟、多路径效应、接收机噪声是影响 GNSS 数据质量的主要因素，在进行对流层和电离层延迟分析时，需要考虑低高度角卫星，用如下指令可以设置卫星高度角限值。命令格式为：

teqc -set_mask 输入文件 ＞ 输出文件。

如要把 trimble.05o 中卫星的高度角限值设为 15 度，命令为：

teqc -set_mask 15 trimble.05o ＞ trimble15.05o

6. 设置观测值类型

GPS/GLONASS 的观测值类型一般用 L1(L1 载波相位)、L2(L2 载波相位)、C1(L1 的 C/A 码伪距)、P1(L1 的 P 码伪距)、P2(L2 的 P 码伪距)、D1(L1 的多普勒观测值)、D2(L2 的多普勒观测值)表示，选取并按指定顺序形成 RINEX 文件的指令是：

teqc -O.obs"观测值类型"输入文件 ＞ 输出文件。

应用格式如下：

teqc -O.obs "L1L2P1P2" trimble.05o ＞ trimble.new

7. 卫星范围的设定

在用 GPS 接收机数据采集的时候，用户可以自行设定接收卫星的最大编号。命令格式如下：

teqc -n_GPS # file1 ＞ file2。

若接收数据中有大于设定的卫星编号，则此组数据将被删除。"#"的范围是 0＜#＜256，默认的卫星编号为 32。命令格式如下：

teqc -n_GLONASS # file1 ＞ file2。

设定期望的 GLONASS 卫星的最大编号。若接收数据中有大于设定的卫星编号，则此组数据将被删除。其中，"#"的范围是 0＜#＜256，默认的编号为 24。

8. 接收机通道的设定

命令解析：

teqc +ch file1 ＞ file2 用 GPS 接收机的所有的通道(默认)。

teqc -ch # file1 ＞ file2 禁用 GPS 接收机的#频道。

9. 多路径误差的有关设置

在 TEQC 中,可以对多路径效应进行相应的设置。主要有以下几个方面。

1) 多路径效应的开启和关闭

开启多路径效应的命令格式为:teqc +ma file1 ＞ file2。

关闭多路径效应的命令格式为:teqc -ma file1＞file2。

2) 多路径误差的均值设定

L1 期望的多路径误差均值设定命令:teqc -mp1_rms ♯ file1 ＞ file2。

L2 期望的多路径误差均值设定命令:teqc -mp2_rms ♯ file1 ＞ file2。

其中,"♯"是以厘米为单位的,L1 的默认值为 50cm,L2 的默认值为 65cm。

3) 平均移动点数

命令格式为:teqc -mp_win ♯ file1 ＞ file2。

其中,0＜♯＜65536,默认值为 50。

10. 信噪比的设定

载波 L1 上允许的最小信噪比设定:teqc -min_L1 ♯ file1 ＞ file2。

载波 L2 上允许的最小信噪比设定:teqc -min_L2 ♯ file1 ＞ file2。

其中,0＜♯＜9,默认值为 0。

11. 电离层的有关设定

电离层设定有电离层延迟变化率和电离层延迟误差两个方面。命令分别如下。

1) 电离层延迟

命令格式为:teqc -ion_jump ♯ file1 ＞ file2。

设置电离层延迟的最大值为"♯"cm,默认值为 1.00e+035。

2) 电离层变化率

命令格式为:teqc -iod_jump ♯ file1 ＞ file2。

设置电离层延迟变化率为"♯"cm,默认值为 400cm/m。

12. GNSS 采样间隔的设定

在 GNSS 测量中,一般观测间隔设定为 5s 或 30s,设定命令格式为:teqc -O.int ♯ file1＞file2。其中,"♯"＞0。

13. 观测文件的信息查询

命令格式为:teqc +meta file,通过此命令可显示观测文件的名称、大小、始末历元、采样率、测站名、站点编号、天线编号、天线类型、天线在大地坐标系中的坐标、天线高、接收机编号、接收机类型和坐标系等信息。

四、质量检核(Quality Check)

TEQC 应用软件的数据质量检查功能可以处理静态或动态双频 GPS 和 GLONASS 导航定位系统的接收数据。只有单点数据并且包含广播星历信息才能进行数据质量检查,这主要利用了伪距和载波相位观测值的线性组合方法。

根据是否利用导航文件信息,TEQC 分为 qc2lite 和 qc2full 两种检核方式。

1. qc2lite 方式

如果输入文件只有 RINEX 观测数据文件而没有导航数据文件,那么 TEQC 将会在 qc2lite 方式下运行。如运行 teqc + qc trimble.05o,TEQC 则对文件 trimble.05o 在 qc2lite 方式下进行质量检核。通常在缺省状态下,质量检核的结果会生成报告文件 trimble.05s 和数据文件 trimble.ion(电离层延迟误差)、trimble.iod(电离层延迟变化率)、trimble.mp1(L1 载波 C/A 码或 P 码伪距的多路径影响)、trimble.mp2(L2 载波 P 码伪距的多路径影响)、trimble.sn1(L1 载波的信噪比)、trimble.sn2(L2 载波的信噪比)。

2. qc2full 方式

如果输入文件为 RINEX 观测数据文件和导航数据文件,运行 teqc + qc -nav trimble.05n trimble.05o,或者导航数据文件和观测数据文件在同一目录下,则 TEQC 会自动搜索导航数据文件,而无需用"-nav"指定,即运行 teqc + qc trimble.05o,此时 TEQC 则对文件 trimble.05o 在 qc2full 方式下进行质量检核。检核的结果除 qc2lite 方式下的报告文件和数据文件外,还增添了卫星和接收机天线的位置信息以及两个数据文件 trimble.azi(方位角)和 trimble.ele(高度角)。

报告文件 trimle.05s 称之为质量汇总文件,包括有各个接受卫星的数据质量状态。其中的参数信息如下。

1)信息总结

有各颗卫星的接收数据情况,观测时间,文件名,首历元、末历元;GPS 天线在 WGS84 中的坐标,在大地坐标系中的坐标、采样率,没捕捉到的卫星数目及编号,在 RINEX 中的期望观测值数,采集百分比,多路径平均误差,平均移动点数,始终漂移,探测到的周跳数,卫星两个高度角之间的观测值数目信息。

2)观测统计量

如平均多路径误差、总平均高度角、周跳数目等。

3)QC 设置参数

如接收机的通道最大值、电离层延迟变化率的最大允许值、期望的平均多路径误差等。

数据文件又称为视图文件,在 GPS 数据质量检核中,除汇总文件外的所有文件统称为视图文件。

五、各历元伪距单点定位计算(Coordinate)

虽然 TEQC 是一专业的 GPS 数据预处理软件,但是也可进行各历元伪距的单点定位。计算单点在空间坐标系中的坐标命令格式如下:

teqc +qc +eepx trimble.05o > trimblexyz.xyz

计算单点在大地坐标系中的坐标命令格式如下:

teqc +qc +eepg trimble.05o > trimblebl.xyz

注意:虽然在上述命令中没有用到导航文件(.N),但是在所进行操作的目录下必须有导航文件,否则会显示为"The instruction at 0x0043fe01 referenced memory at 0x0000000c. The memory could not be read."的错误信息,不能运行上述命令。

第四节 CATS 安装及使用方法

CATS(Create and Analyse Time Series)由 Williams(2008)开发的一个独立的 C 语言程序,是比较连续坐标时间序列中的随机噪声过程的软件。CATS 是一个使用最大似然估计对多参数模型拟合的序列分析工具。

一、CATS 安装

需要 BLAS 和 LAPACK 依赖库,命令代码如下:

```
sudo apt-get install libblas-dev
sudo apt-get install liblapack-dev
```

安装基于 CATS 版本 3.1.2 源代码中的文件,其目录结构如图 3-5 所示。

(1)在 cats 3.1.2 版本的文件结构一级目录下,编辑 make.inc.gcc 文件:

```
BINDIR = /usr/local/bin(这是 CATS 可执行文件的安装位置)
...
LAPACKLIB =-llapack
BLASLIB =-lblas(这是将要使用的相关 BLAS 和 LAPACK 库)
```

注意:CLAPACK、F77LIB 和 I77LIB 是不必要的,必须去掉或注释。要强制编译 m64 位的可执行文件,请将-m64(或适用于 Mac OS X 的-arch x86_64)添加到 CFLAGS。

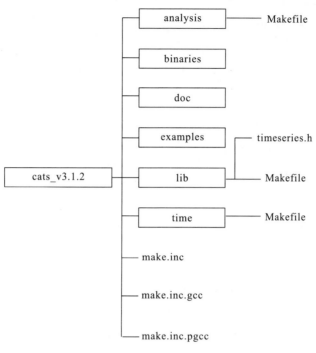

图 3-5 CATS 软件结构图

（2）进入 lib 文件夹中，编辑 timeseries.h 文件，因为已经安装 BLAS 和 LAPACK 库，所以去除文件中的下面两行：

＃include "f2c.h"
＃include "blaswrap.h"

（3）切换到 time 目录下，编辑 Makefile 文件，确保 include 读取路径正确：

include ../make.inc.gcc

完成后在终端中运行：

make cleaner
make
make clean

（4）再次切换到 lib 文件夹下，编辑 Makefile 文件，确保 include 读取路径正确：

include ../make.inc.gcc

另外，该文件中的 CLAPACK 未定义，这里用不到，属于多余的，可以将其注释掉。

```
# INCLUDEDIRS = -I$(CLAPACK)/F2CLIBS -I$(CLAPACK) -I../time -I. -I../lib
INCLUDEDIRS = -I../time -I. -I../lib
...
# LIBDIRS=-L$(CLAPACK)/F2CLIBS -L$(CLAPACK)-L. -L../lib -L../time
LIBDIRS = -L. -L../lib -L../time
```

完成上面过程之后在终端中运行：

```
make cleaner
make
make clean
```

（5）切换到 analysis 目录下，类似于步骤（4），编辑 Makefile 文件，确保 include 读取路径正确：

```
include ../make.inc.gcc
```

另外，该文件中的 CLAPACK 未定义，这里用不到，属于多余的，将其可以注释掉。

```
# INCLUDEDIRS = -I$(ATLAS)/inc -I$(CLAPACK) -I$(CLAPACK)/F2CLIBS -I. -I../lib -I../time
INCLUDEDIRS = -I. -I../lib -I../time
...
# LIBDIRS = -L$(ATLAS)/lib -L$(CLAPACK) -L$(CLAPACK)/F2CLIBS -L. -L../lib -L../time
LIBDIRS = -L. -L../lib -L../time
```

完成后在终端中运行下面命令：

```
make cleaner
make
sudo make install
make clean
```

以上就安装完成 CATS 软件，利用在 example/ 目录下的时间序列数据，运行 CATS，除了存在可变白噪声和未指定的幂律噪声模型之外，还可估计周年和半周年。

CATS 选项：--model = vw；--model = pl；--sinusoid = 1y1

二、CATS 使用方法

CATS 软件也是以命令行计算参数，数据输入以文件形式，具体的格式与说明参考安装目录下的用户手册。这里简单说明一下，CATS 的输入文件包含 7 行时间序列资料（年、南北分量位置、东西分量位置、垂直分量位置、南北分量位置误差、东西分量位置误差、垂直分量位置误差)以及使用"♯"字号为列首的文件注释说明。"♯"开头的内容程序不会读取,但是后面有"offset"时例外:

♯offset 发生时间 发生分量

发生时间以十进制年表示,发生分量则以二进制所对应的十进制数表示;南北、东西、垂直 3 个方向对应 3 位二进制数 000(1 表示发生了 offset,0 表示没有发生 offset),例如南北向 4(100)、东西向 2(010)、垂直向 1(001),若该时刻的 offset 发生在所有分量,则记为 7(111)。

程序计算时,使用者需要输入一些自定义的参数。设定计算的噪声模型使用"--model"来控制,后方接上需要设定的模型,下面是白噪声加闪烁噪声模型:

--model wh:-model pl:k-1

当 model 后接 wh 时表示为白噪声,后接 pl 表示为有色噪声,而有色噪声的类型由频谱指数来控制,闪烁噪声的频谱指数为 1,记为 k-1;随机游走噪声的频谱指数为 2,记为 k-2。如果未指定谱指数,那么程序将尝试解谱指数。

如果需要求取年周期和半年周期,使用"--sinusoid"来控制。为求解年正弦曲线,使用"--sinusoid 1y";为求解年和半年正弦曲线,使用"--sinusoid 1y1"。其他更详细的控制参数可以参见 CATS 的使用者操作手册。

为了比较噪声模型对分析结果的影响,CATS 软件分别对同一批资料进行"WN"模型分析和"WN+FN"模型分析,GPS 连续观测数据在时间序列分析的过程中,最常被考虑到的通常是地震相关的修正模型参数与长周期的变动。例如同震造成的时间序列不连续,震后的异常活动,更或是季节性的变化等。但最基本的就是测站的线性变化,也就是速度项。因此以速度项的模型结果,作为探讨比较的重点。

例如:

cats --model pl:k-1 --model wh:--columns 7 --sinusoid 1y1 --verbose --output fn_wn. DZAX DZAX_CATS.neu

cats --model wh:--columns 7 --sinusoid 1y1 --verbose --output wn.DZAX DZAX_CATS.neu

表 3-3 列出时间序列分析后部分测站的东西、南北与垂直 3 个分量的速度值,其中每一测站横栏中上方为经过噪声处理分析(全频等幅杂波+闪变杂波)的结果,下方则无经过噪声分析(视为全频等幅杂波)。结果指出,没有使用噪声处理,模型参数的误差将明显被低估。其中位于误差后面的常数是两者误差的倍数,平均而言经过噪声处理后的模型误差在东西、南北与垂直方向约为原本的 6.6、5.7 与 5.9 倍。换言之,若没考虑时间序列中与时间相关的噪声,误差将被低估约 6 倍。

表 3-3 时间序列分析

\# offset 1999.792 7

年份	南北分量位置	东西分量位置	垂直分量位置	南北分量位置误差	东西分量位置误差	垂直分量位置误差
1998.574	−0.023 7	0.040 7	0.002 9	0.000 9	0.000 9	0.003 7
1998.576	−0.023 6	0.041 9	0.004 1	0.000 9	0.000 9	0.003 8
1998.579	−0.021 8	0.041 4	0.006 5	0.001 0	0.000 9	0.003 8
1998.582	−0.022 7	0.041 0	−0.001 3	0.000 9	0.000 9	0.003 8
1998.585	−0.023 3	0.040 7	0.000 5	0.000 9	0.000 9	0.003 7
1998.587	−0.023 0	0.040 5	−0.000 2	0.000 9	0.000 9	0.003 8
1998.590	−0.023 2	0.040 9	0.005 6	0.000 9	0.000 9	0.003 7
1998.593	−0.023 9	0.040 3	−0.001 8	0.001 0	0.000 9	0.003 9
1998.596	−0.023 7	0.040 2	0.002 3	0.000 9	0.000 9	0.003 7
1998.598	−0.023 2	0.041 5	0.004 8	0.001 0	0.000 9	0.003 8
1998.601	−0.023 9	0.040 2	−0.006 2	0.001 0	0.000 9	0.003 9
1998.604	−0.022 4	0.039 7	−0.001 4	0.001 0	0.000 9	0.003 8
1998.609	−0.021 9	0.039 9	−0.001 9	0.001 0	0.000 9	0.003 8
1998.612	−0.020 9	0.040 0	0.002 2	0.001 0	0.001 0	0.004 1
1998.615	−0.023 7	0.041 1	0.004 1	0.000 9	0.000 9	0.003 8

第四章 数据获取与预处理

20世纪90年代初,很多国家开始建立永久性GNSS跟踪站,用于定轨、精密定位和地球动力学研究等工作,后来逐步形成基准站网,如国际GNSS服务组织(International GNSS Service,IGS)建设的跟踪站网。1994年,美国国家大地测量局(National Geodetic Service,NGS)学者William E. Strange提出了连续运行参考站的概念。1995年,他和同事明确给出了CORS(Continuously Operating Reference System,CORS系统)的定义及其初步方案。与此同时,美国其他机构也陆续开始构建连续运行的GPS基准站网,到1995年NGS已经拥有50多个高质量的连续运行GPS测站。IGS和NGS很大程度地推动了GNSS基准站网的发展。

卫星导航定位基准站网可定义为由一定范围内(甚至全球)的若干个(大于3个)GNSS测站(包括连续运行和不连续运行的基准站)组成的控制网。GNSS基准站网系统可定义为将基准站网通过网络互联,构成以提供位置和时间信息为核心的网络化综合服务系统。

依据综合基准站之间的距离、分布范围及实现功能划分,基准站网大致可分为全球网、国家网、区域网、工程网4类。

全球网是指在全球布站,面向全球服务的系统,如IGS跟踪站网。

国家网是指在一个国家范围内布站,面向一个国家服务。如美国的连续运行参考站网系统(CORS)、加拿大的主动控制网系统(CAS)、德国卫星定位与导航服务系统(SAPOS)、中国大陆构造环境监测网络(CMONOC)。

区域网指在一定范围的区域内布站,面向区域或行业服务。可分为3类:①国家与国家之间的网,如欧洲永久GNSS观测网(European Permanent Network,EPN);②省市级网,如广东省连续运行参考站网系统(GDCORS);③行业网,是指一定的区域内为某个行业服务的系统,如中国沿海无线电指向标——差分全球定位系统(RBN-DGPS)。

工程网是指在工程所在范围内布站,面向工程建设或运行服务,如修建大坝或桥梁建立的连续运行GNSS基准站网。

当然,也可按照功能来划分,基准站网可分为坐标参考框架网、地壳运动监测网、水汽监测网、电离层监测网、大坝(桥梁)施工或变形监测网。

第一节 连续观测站数据获取

GNSS 在大地测量与地壳监测的应用主要体现为采用较长时间内(3 年以上)按照一定间隔重复观测工作,从而确定地壳长期运动平均速率,然而想要获得地壳运动的规律及其细部特征,就需要有足够密度的观测站来支撑。经过几十年的发展,现在全世界拥有数量巨大的 GNSS 连续观测站,其中有很大部分数据都已免费开放给研究人员使用,在使用 GAMIT/GLOBK 软件时,会经常用到这些连续观测站数据,因此,有必要详细介绍一下如何获取连续观测数据资料。

一、国际 GNSS 服务

国际 GPS 服务(International GPS Service)是国际大地测量协会 IAG 为支持大地测量和地球动力学研究于 1993 年组建的一个国际协作组织,1994 年 1 月 1 日正式开始工作。1992 年 6 月至 9 月的全球 GPS 会战等试验为 IGS 的建立奠定了基础。此后,随着俄罗斯的 GLONASS、中国的北斗、欧盟的 Galileo 等全球卫星导航定位系统的建成及投入运行,国际 GPS 服务也扩大了工作范围,并改称为国际 GNSS 服务(International GNSS Service),缩写为 IGS。

目前,IGS 拥有 505 个全球分布的永久性连续跟踪站,接收在轨运行的 GPS、GLONASS、Galileo、BeiDou、QZSS 以及 SBAS 卫星数据。这些测站观测数据汇总在 4 个全球数据中心和区域数据中心,由分析中心处理这些数据,并提供最终 IGS 官方组合解,免费供全球的科研、教育以及商业机构使用。最终产品包括:GNSS 卫星星历、地球自转参数、全球跟踪站坐标和速度、卫星时钟改正信息、对流层路径延迟估计和全球电离层图。表 4-1 为中国境内 IGS 测站信息表。

表 4-1 中国境内 IGS 测站信息表

测站名	城市	纬度	经度	接收卫星信号
BJFS	Fangshan	39.61	115.90	GPS+GLO
BJNM	Beijing	40.25	116.22	GPS+GLO
CHAN	Changchun	43.80	125.44	GPS
GUAO	urumqi	43.47	87.18	GPS
HKSL	Tuen Mun	22.37	113.93	GPS+GLO+GAL+BDS+QZSS+SBAS
HKWS	Wong Shek	22.43	114.34	GPS+GLO+GAL+BDS+QZSS+SBAS

续表 4-1

测站名	城市	纬度	经度	接收卫星信号
JFNG	Jiufeng	30.52	114.49	GPS+GLO+GAL+BDS+QZSS+SBAS
KUNM	Kunming	25.03	102.80	GPS
LHAZ	Lhasa	29.66	91.10	GPS+GLO+GAL+BDS
SHAO	Sheshan	31.10	121.20	GPS
URUM	Urumqi	43.81	87.60	GPS+GLO+GAL+BDS
WUH2	Wuhan	30.53	114.36	GPS+GLO+GAL+QZSS+SBAS
WUHN	Wuhan	30.53	114.36	GPS+GLO
XIAN	Lintong	34.37	109.22	GPS
CKSV	Tainan	23.00	120.22	GPS+GLO+GAL+BDS+QZSS
KMNM	Kinmen	24.46	118.39	GPS+GLO+GAL+BDS+QZSS
NCKU	Tainan	23.00	120.22	GPS+GLO+GAL+BDS+QZSS
TCMS	Hsinchu	24.80	120.99	GPS
TNML	Hsinchu	24.80	120.99	GPS
TWTF	Taoyuan	24.95	121.16	GPS+GLO+QZSS+SBAS

IGS 的另一个重要贡献是建立并维护国际地球参考框架(International Terrestrial Reference Frame,ITRF)。该框架提供了一个准确且一致的坐标基准,在全球不同的时间、不同的地点可以获得统一参考位置。每隔一段时间,IGS 会更新维护 ITRF,目前最新版本是 ITRF2014,不同版本的 ITRF 可以通过严密的转换模型进行转换。

IGS 提供了全球连续跟踪站每个时刻的坐标和速度,在 GAMIT/GLOBK 解算时引入这些连续跟踪站数据进行基线解算与约束。GAMIT/GLOBK 提供了下载这些数据的 Shell 脚本,都在安装路径 com 目录下面。

二、"陆态网络"

中国大陆构造环境监测网络(Crustal Movement Observation Network of China,CMONOC),简称"陆态网络",是我国"十一五"期间的国家重大科技基础设施。其是以卫星导航定位系统(GNSS)观测为主,辅以甚长基线干涉测量(VLBI)、人卫激光测距(SLR)等空间技术,并结合精密重力和水准测量等多种技术手段,建成了由 260 个连续观测和 2000 个不定期观测站点构成的、覆盖中国大陆的高精度、高时空分辨率和自主研发数据处理系统的观测网络(图 4-1、图 4-2)。"陆态网络"与美国 PBO(Plate Boundary Observation,该数据也能在网络上免费下载使用)和日本 GEONET 网络一同成为世界上性能指标最先进的三大地壳运动观测网络。

图 4-1 中国"陆态网络"GNSS 基准站

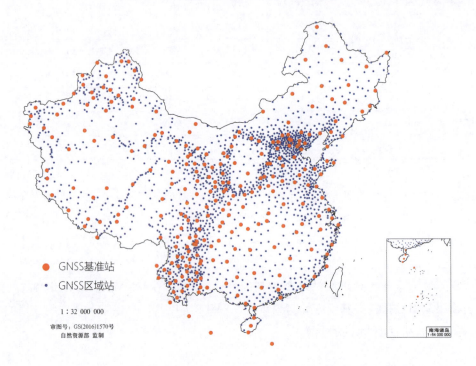

图 4-2 "陆态网络"基准站分布示意图

该网络主要用于对中国大陆及周边大陆构造环境变化进行监测,认知现今地壳运动和动力学的总体态势,揭示其驱动机制,探求对人类资源、环境和灾害的影响;配合我国大地测量基准体系的建立和维持,形成连续运行的高精度动态坐标参考框架,为实现我国大地测量基准的现代化和自主卫星导航定位系统的建立奠定基础;监测我国上空高分辨率的电离层浓度的时空演变图像,促进空间物理学等学科发展。

"陆态网络"的 260 个连续观测站,均匀分布在中国大陆,对研究中国区域内的地壳运动和地震监测有重要意义。测站 2012 年 3 月通过国家验收并投入运行至今,已经积累了大量观测数据,可以作为中国区域内的控制点使用。

三、省域 CORS 网络

随着我国经济社会的快速发展,各领域对卫星导航与位置服务的需求日益激增,越来越多的省、市及行业纷纷建立各自的连续运行参考站,形成省域 CORS 网络,提供实时的厘米至米级的位置定位结果,服务于城市经济建设各方面,同时,各参考站的原始观测数据也会存储下来以供部分用户开展后处理分析。此外,使用省域 CORS 网数据时,可以直接得到 CGCS2000 框架下的精确坐标,这给一般工程应用提供了很大的便利。

第二节 流动站静态数据观测

GNSS 流动站一般采取定期复测形式,比如"陆态网络"区域站目前是两年全网观测一次。根据等级以及研究的目的不同,流动站观测标墩可以是多种形式:深锚式天线墩、水泥天线墩、地面水泥点、岩石地钉等,观测方式也分为强制对中和架设脚架两种。

外业数据采集,最重要的信息就是天线高及其量取方式(图 4-3)。GAMIT 的天线高量取方式代码由两部分组成:方式(直高或者斜高)+具体部位。例如:

图 4-3 流动站示意图

DHARP=DH(直高 Direct Height)+ARP(天线参考点 Antenna Reference Point)

SLBCR=SL(斜高 Slant Height)+BCR(扼流圈底部 Bottom of Chokering)

不同类型的设备有不同的天线样式,这使得观测的天线测量方式不尽相同。比如 Trimble Net R8、Net R9 和 Topcon 均为扼流圈(choke ring)天线(图 4-4),测量方式有两种:垂高(DHARP)和斜高(SLBCR)(图 4-5)。

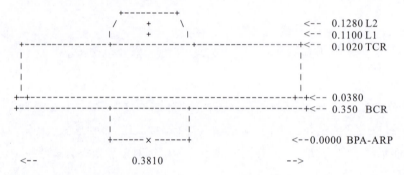

图 4-4 扼流圈天线示意图

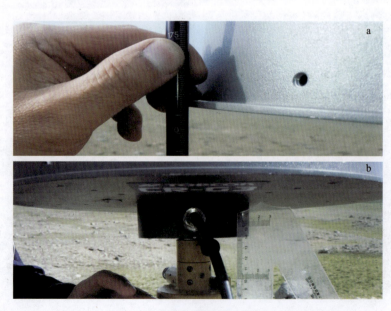

图 4-5 扼流圈天线斜高(a)和垂高(b)量测方式

如果观测点为地钉,天线直接拧上去,则天线高为垂高,垂高设置为 0。特别说明的是,在 GAMIT 软件中天线量取方式文件 hi.dat 中。如果某一种天线没有斜高的改正数据,则要利用勾股定理,将斜高转换成直高。

图 4-6 中 a 为野外所观测的斜高,$b=0.190\text{m}$ 是拓普康的 TPSCR.3G 天线下底面半径;$c=0.034\text{m}$ 是放大器的高度。垂高 DH 的计算公式为:

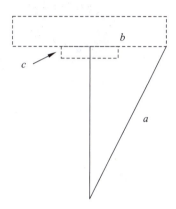

图 4-6 天线几何概略图(以 TPSCR.3G 为例)

$$\text{DH} = \sqrt{a^2 - b^2} - c \tag{4-1}$$

Trimble 5700、R7 的天线测量方式有两种:垂高(DHARP)和斜高(SLBGN)(图 4-7)。

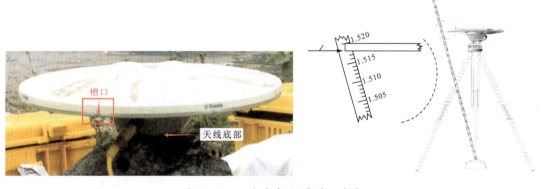

图 4-7 天线底部与罩槽口底部

以上介绍的都是大地测量型的分体机,如果是一体机,则是量取到主机护圈中心的距离(斜高)(图 4-8)。

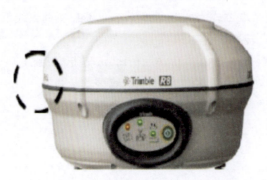

图 4-8　一体机天线量取位置——护圈中心

第三节　GNSS 数据格式及预处理

一、RINEX 数据格式

GNSS 数据处理时所采用的观测数据来自进行野外观测的 GNSS 接收机。接收机在野外进行观测时,通常将所采集的数据记录在接收机的内部存储器或可移动的存储设备中。在完成观测后,需要将数据传输到计算机中,以便进行处理分析,这一过程通常是利用接收机厂商所提供的数据传输软件来进行。传输到计算机中的数据一般采用 GNSS 接收机厂商所定义的专有格式文件以二进制的形式进行存储。一般说来,不同 GNSS 接收机厂商所定义的专有格式各不相同,有时甚至同一厂商不同型号仪器的专有格式也不相同。专有格式文件具有存储效率高、各类信息齐全的特点,但在某些情况下,如在一个项目中采用了不同接收机进行观测时,却不方便进行数据处理分析,因为数据处理分析软件能够识别的格式是有限的。因此,需要一种采用文本文件的形式存储数据,数据记录格式与接收机的制造厂商和具体型号无关。

RINEX(Receiver Independent Exchange Format)格式由瑞士伯尔尼大学天文学院(Astronomical Institute,University of Bern)的 Werner Gurtner 于 1989 年提出。提出该数据格式的目的是为了能够综合处理在 EUREF89(欧洲一项大规模的 GPS 联测项目)中所采集的 GPS 数据。该项目采用了来自 4 个不同厂商共 60 多台 GPS 接收机。

现在,RINEX 格式已经成为了 GNSS 测量应用等工作的标准数据格式,几乎所有测量型 GNSS 接收机厂商都提供将其格式文件转换为 RINEX 格式文件的工具,而且几乎所有的数据分析处理软件都能够直接读取 RINEX 格式的数据。这意味着在实际观测作业中可以采用不同厂商、不同型号的接收机进行混合编队,而数据处理则可采用某一特定软件进行。

经过多年不断修订完善,目前最新的版本是 IGS 于 2018 年 11 月 23 日发布的第 3.04 版。值得注意的是,2016 年 1 月 29—30 日,国际海事无线电技术委员会第 104 次专业委员会(RTCM SC-104)全体会议在美国加利福尼亚州蒙特雷市召开,会议上正式发布了 RINEX 3.03 版,该版本成为首个全面支持北斗导航定位的 RINEX 版本,标志着北斗导航系统完整进入 RINEX 标准,北斗接收机国际通用数据标准格式工作取得阶段性重要成果。

RINEX 3.03 版本对 3.02 版本中 BDS B1 观测值代码与 RINEX 不一致等问题进行了纠正,同时充分考虑了 BDS 等 GNSS 系统单独运行时的独立性,兼顾了 BDS 电离层参数的特点,使得 RINEX 标准得以更加完善地支持 GNSS 数据采集和记录。

1. RINEX 2.x 版本

目前很多软件还不支持最新的 RINEX 3.x 版本,因此 RINEX 2.x 版本是当下仍在使用的版本。首先详细介绍一下 RINEX 2.x 版(以 RINEX 2.11 为例)数据格式。

RINEX 第 2 版格式文件中定义了 6 种文件类型。

(1)GPS 和 GLONASS 卫星观测值文件:后缀 o(o 文件,注意是字母"o",不是数字"0")。

(2)GPS 导航电文文件:后缀 n(n 文件)。

(3)GLONASS 导航电文文件:后缀 g(g 文件)。

(4)测站处所测定的地面气象数据:后缀 m(m 文件)。

(5)GEO 导航电文文件:存放增强系统中搭载有类 GPS 信号发生器的地球同步卫星(GEO)的导航电文(h 文件)。

(6)卫星和接收机钟文件:存放包含卫星和接收机时钟信息(c 文件)。

比较常见的是 o、n 和 m 三种文件,o、n 两种文件是 GAMIT/GLOBK 数据处理分析必须的文件。

注意:IGS 定义了一种概要文件 S(Summary file),利用 TEQC 软件进行数据质量检测后可生成;2.11 版本增加了 Galileo 导航电文文件(l 文件)。

RINEX 文件名的命令方式:

ssssdddf.yyt

其中,"ssss"表示 4 个字符的测站名;"ddd"表示 3 个字符年积日(即:一年中的第几天,利用 gamit 中 doy 命令可以获取年积日);"f"表示 1 个字符一天内的文件序号(时段号):

f=0:(数字 0)表示文件包含当天的所有观测数据;

f=a:表示文件包含当天第一个小时文件(00h~01h);

f=b:表示文件包含当天第二个小时文件(01h~02h);

…

f=x:表示文件包含当天第二十四个小时文件(23h~24h);

对于高频接收机(比如 1Hz 采样率,15min 生成一个文件)则建议如下命名方式:

ssssdddhmm.yyo

其中,"mm"表示一小时内开始记录数据的起始分钟(00,15,30,45);"h"表示一天中的第几个小时(a=第1个小时,b=第2个小时,…,x=第24小时);"yy"表示2个字符年号,98:1998,00:2000,11:2011;"t"表示文件类型,O:观测值,N:星历(GPS 导航电文文件),M:气象数据,G:GLONASS 星历,H:同步卫星 GPS 载荷的导航电文,C:钟文件。

例如:文件名为 WHN11410.04O 的 RINEX 数据格式文件,代表 WHN1 在 2004 年 5 月 20 日(年积日为 141)全天的观测数据文件;而文件名为 WHN11410.04N 的 RINEX 格式数据文件,则相应为在该点上进行观测的接收机所记录的导航电文文件。

下面详细介绍 RINEX 2.11 版本观测 o 文件内容,其他类型的数据格式也大同小异,读者可以举一反三,如果想了解每一种数据类型表示的含义,查看 IGS 官方文档。o 文件内容包括头文件和数据内容两部分。

从文件第一行开始,到"END OF HEADER"头文件标签为止,属于头文件内容(图 4-11);头文件的每一行都分为两部分:1~60 列为信息内容,61~80 列为内容描述;其中比较重要的信息是接收机型号、天线型号、近似坐标和天线高。

o 文件中除了头文件以外的内容都属于数据部分。这部分逐一罗列所有历元下每颗卫星的观测数据,这些观测数据已经在头文件"# / TYPES OF OBSERV"中进行了说明。比如,图 4-9 中观测值一共 10 个,分别是 c1、p1、…、D2。

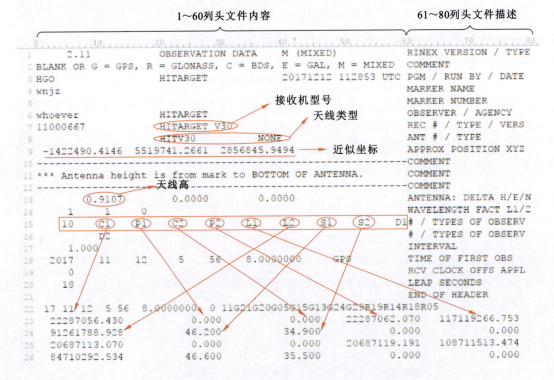

图 4-9 第 1~60 列头文件所存放数据的内容介绍

2. RINEX 3.x 版本

RINEX 第 3 版是最新的 RINEX 格式标准。与之前的版本相比，新的标准对之前的文件类型做了较大幅度的修改，将文件格式精简为观测文件、导航文件和气象文件 3 种，并能够更好地对多卫星系统提供支持。目前 IGS 的 MGEX 项目已经大量使用该格式。

RINEX 新格式抛弃了以往在文件扩展名中加入观测年的特点，只包含两种扩展名：.rnx 表示标准的 RINEX 文件和.crx 表示压缩过的 Compact RINEX 格式。这个改动使用统一的后缀名更易于被操作系统、文本编辑器和人识别。RINEX 新格式命名方式为：

    ＜SSSS＞＜MR＞＜CCC＞_＜S＞_＜YYYYDDDHHMM＞_＜NNN＞_＜FRQ＞_＜TT＞.＜FMT＞.gz

例如：MAS100ESP_R_20142350000_01D_30S_MO.crx.gz

其中，"＜SSSS＞"为观测站点名；"＜MR＞"为接收机编号；"＜CCC＞"为 3 位 ISO 3166-1 标准的国家代码、标识站点位置、中国代码 CHN；"＜S＞"为数据源，即数据来源于接收机(R)还是数据流(S)；"＜YYYYDDDHHMM＞"为观测开始时刻(年、年积日、时、分)；"＜NNN＞"为观测时段长度，01D＝1 天,；"＜FRQ＞"为观测时的采样间隔或采样频率；"＜TT＞"为包含的卫星系统和数据类型，第一位表示卫星系统(M、G、R、C、E、J、I)，第二位为数据类型，即观测文件(o)(图 4－10)、导航文件(n)或气象文件(m)；"＜FMT＞"为扩展名，扩展名只有两种:.rnx 或.crx；".gz"为压缩格式。

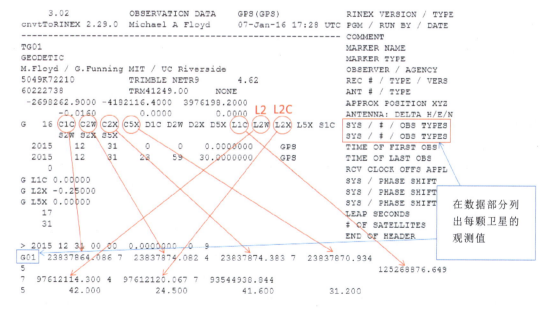

图 4－10 RINEX 3.x 版本 o 文件示意图

注意：广播星历(Broadcast Ephemerides)文件名中不包含"＜FRQ＞"观测时的采样间隔或采样频率，统一都是15min间隔。

卫星系统简码表[①]：M(多星座混合，Mixed)、G(美国全球卫星导航系统，GPS)、R(俄罗斯格洛纳斯，GLONASS)、C(中国北斗，BeiDou-2/COMPASS)、E(欧盟伽利略，Galileo)、J(增强GPS导航系统QZSS)、I(印度区域导航卫星系统，IRNSS)。

文件名示例：

ALGO00CAN_R_20170421000_01D_30S_MO.rnx 表示数据是来自加拿大的ALGO站0号接收机，于2017年第42日1点开始观测的，时长1天，采样间隔为30s的混合观测数据。

BJFS00CHN_S_20170421000_15M_01S_GO.rnx 表示数据是来自中国的BJFS站0号接收机的实时数据流，观测开始于2017年第42日1点，时长为15min，采样间隔1s的GPS观测数据。

ALGO00CAN_R_20170421000_01H_05Z_MO.crx 表示数据是来自加拿大的ALGO站0号接收机，于2017年第42日1点开始观测的，时长1h，采样间隔为5Hz的混合Compact RINEX观测数据。

ALGO00CAN_R_20170420000_01D_MN.rnx 表示数据是来自加拿大的ALGO站0号接收机，于2017年第42日0点开始观测，时长1天的混合系统的导航数据。

ALGO00CAN_R_20170420000_01D_RN.rnx 表示数据是来自加拿大的ALGO站0号接收机，于2017年第42日0点开始观测，时长1天的GLONASS系统的导航数据。

DAVS00ATA_R_20170420000_01D_30S_MM.rnx 表示数据来自南极洲DAVS站0号接收机，于2017年第42日0点开始观测，时长为1天的混合气象数据。

二、数据格式转换

目前大地测量型接收机种类繁多，包括Leica、Trimble、TOPCON等多个品牌。不同厂商都制订了针对自己产品的数据存储格式，目前高精度的处理软件都只能接受RINEX格式数据文件，数据传输以后首先需要完成数据格式转换(图4-11)。

外业数据采集以Trimble接收机为例讲解如何进行数据格式转换，Trimble接收机原始格式多为.t01和.t02，TEQC软件并不能直接识别这类文件，因此在数据格式转换中使用runpkr00软件。

runpkr00程序是由美国的Trimble公司开发，专门用于将Trimble接收机的.t02、.t01、.t00等数据格式转换成TEQC能够识别的.dat或者.tgd格式的文件。

Eg：runpkr00 -d -g　filename

格式转换时，需要对头文件进行编辑，特别需要注意观测天线类型和天线高及量取方式。下面是Shell转换脚本代码，"#"行开头为注释说明。

[①] 数据获取网站：http://mgex.igs.org/IGS_MGEX_Products.html。

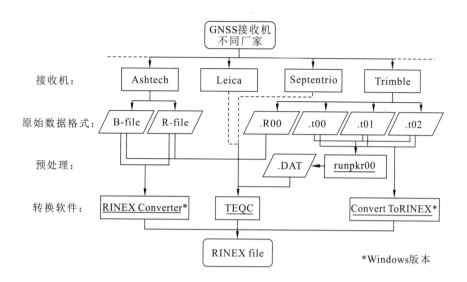

图 4-11 接收机原始数据转换 RINEX 3 流程图

```
#!/bin/bash
# trm_rinex.sh
rawfilename="20901420.t01"
oph=1.704
opn=0.000
ope=0.000
oo="chen"
oint=30
omo=g03a
omn=g03a
oag=cug
oan=60219531
oat=TRM41249.00
ort="\"TRIMBLE 5700"\"
ccdoy=142
# runpkr00 -d -g *.t00 *.t01 *.t02 ,produce *.dat *.tgd
runpkr00 -d -g $rawfilename
```

```
# teqc
# -O.pe 天线高 东方向 北方向偏移 格式:0.000 0.000 0.000
# -O.o 观测者
# -O.int 采样间隔
# -O.mo 点名
# -O.mn 点号
# -O.ag 观测机构
# -O.rt 接收机型号,注意需要用双引号
# -O.an 天线 sn 号
# -O.at 天线类型:Trimble 的天线类型为(TRM+ pn 号前五位+.00)组成,TOPCON 的天线类型统一为 TPSCR.G3
teqc -tr d -O.pe $oph $opn $ope -O.o $oo -O.int $oint -O.mo $omo -O.mn $omn -O.ag $oag -O.rt $ort -O.an $oan -O.at $oat ${rawfilename%\.*}.dat > ${omo}${ccdoy}0.15o
rm ${rawfilename%\.*}.dat
```

三、数据质量分析

使用 TEQC 的 qc2full 检核方式对格式转换后的数据进行质量检测,生成的检查结果文件包含非常多的内容,最重要的为第二部分观测数据记录及统计情况。衡量数据观测质量的多路径效应 MP1、MP2,信噪比 SN1、SN2,接收机钟差参数,观测值与周跳数比值 O/SLPS 等均可在该部分找到。除此之外,它还包含观测开始时刻、观测结束时刻、观测时段长、观测历元数和站点概略坐标等。

查看 SUM 行内容,MP1、MP2 需要小于 0.5,否则表示数据存在多路径影响,数值越大表示影响越严重;也可以在 GAMIT 基线解算的时候,通过"-presELEV"参数生成天空图,查看具体影响大小。结果如下:

	first epoch	last epoch	hrs	dt	#expt	#have	%	mp1	mp2	o/slps
SUM	16 1 1 00:00	16 1 1 23:59	24.00	30	43856	40769	93	0.39	0.34	129

第四节 tables 表文件更新

GAMIT 安装目录下面有一个 tables 目录,里面放置了诸多解算需要使用的外部文件,有些文件需要定期更新,以保证在解算项目中链接过来的数据时效性。表 4-2 罗列了 tables 中需要定期更新的文件类型。

表 4-2 tables 定期更期文件类型

需要定期更新的文件表	
每周更新一次	地球自转参数（EOPs）： pmu.bull_f pmu.bull_a ut1.usno pole.usno
每月更新一次	码相关型接收机伪距改正参数统计表（差分码偏差）： dcb.dat
每年更新一次	太阳星历：soltab. 月亮星历：luntab. 章动参数：nutabl. 跳秒：leap.sec
有新卫星发射或者卫星调整编号	
卫星号对照表 PRN 与 SV 的对照表	svnav.dat
天线相位中心参数文件	antmod.dat
有卫星出现异常	
需要剔除卫星列表	svs_exclude.dat
有接收机更新后（有时候需要手动添加新天线）	
接收机及天线名称对照表	rcvant.dat
*.grid 文件	
全球大气潮格网模型文件	atl.grid
全球无潮汐大气负载参数格网模型文件（该模型一般每年对应一个文件）	atml.grid
全球气压和温度模型文件 （该模型一般不会更新，并且已经包含在 GAMIT/GLOBK 程序的安装包中）	gpt.grid
全球大气映射函数模型文件 （GAMIT 程序目前支持 GMF、NMFW 和 VMF1 三种映射函数，但只有 VMF1 需要引入模型文件。该模型逐年更新，每年生成一个文件）	map.grid
全球海潮模型文件 otl_FES2004.grid	otl.grid

注意:更新工具使用 filezilla 或者 gftp。
地址:ftp://garner.ucsd.edu/archive/garner/gamit/tables。
用户名:anonymous。
密码:任意邮箱地址。

第五章　GAMIT 基线处理

在 GNSS 静态数据解算方面，GAMIT 在长距离基线解算有巨大优势，解算精度能够达到 $10^{-9} \sim 10^{-8}$ 量级，即使在短基线解算方面，GAMIT 也比绝大多数的商业软件（如 TBC）表现优异。正是由于 GAMIT 在基线解算方面的优异表现，其结果常常会被其他软件作为输入资料，进行网平差，除了 GLOBK 以外，PowerNet、CosaGPS 和 TBC 均可以处理 GAMIT 基线结果，因此 GAMIT 不仅在科研上得到运用，其在工程方面的运用也十分广泛。

图 5-1 展示了 GAMIT 解算项目 expt/目录下的文件结构，brdc/目录存放导航文件，igs/存放 sp3 星历文件，rinex/存放观测 o 文件，tables/为运行 sh_setup 自动生成的目录，存放各种表文件，gfiles/目录存放 g 文件，glbf/存放输入 GLOBK 的二进制 h 文件，GLOBK 处理在 gsoln/目录下运行，GAMIT 处理在 day 目录下运行，每个日解就会有多个 day 目录（day1/、day2/…）。

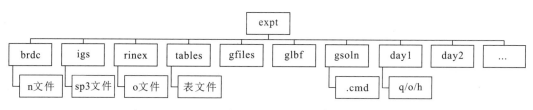

图 5-1　GAMIT/GLOBK 软件解算项目目录结构

基线解算前须准备好 tables 目录，并确保安装目录（/opt/gamit）下的 tables 已经更新过，再运行 sh_setup 在项目目录 expt/下生成 tables：

sh_setup -yr 2018

在 tables/下有 GAMIT 软件解算需要的几个重要表文件。
process.defaults：处理过程控制文件；
sestbl.：解算模型设置（大多数设置采用默认）；
sites.defaults：指定使用的本地区域站和 IGS，如何处理测站数据；
sittbl.：整周模糊度；
station.info：测站信息表；
l 文件（.apr 文件）：近似坐标文件。

第一节 几个重要表文件

1. process.defaults

process.defaults 文件用来控制处理过程中的很多细节,通过该文件指定计算环境、内部和外部数据、轨道文件、开始时间、采样间隔和结果归档说明。

文件内容大部分设置均可采用默认,只是少部分的设置需要注意,见表 5-1。

表 5-1 process.defaults 参数说明

类型	实例
设置采样间隔、历元数目、处理开始时间	set sint='30' set nepc='2880' set stime='0 0'
假如先验坐标不在 l 文件或 apr 文件中,设置"Y"使用 RINEX 头文件中的坐标	set use_rxc="N"
处理的 x 文件最小文件大小(默认 300 数据块)	set minxf='300'
最小原始文件目录空间大小,单位 kb	set minraw='100'
最小 RINEX 文件目录空间大小,单位 kb	set minrinex='100'
最小归档文件目录空间大小,单位 kb	set minarchive='100'
最小工作目录空间大小,单位 kb	set minwork='500'

以上设置,最需注意的是数据解算最小文件大小设置,如果数据采集时间过短,观测数据大小可能会小于默认设置值,那就需要手动修改参数。

2. sestbl.

解算控制文件,大部分采用默认设置即可,注意以下三类设置。

1)观测值使用(LC,L1+L2 等)

选择 LC_AUTCLN 为采用宽巷模糊度值,并在 autcln 解算中使用伪距观测值。对小于几千米的基线,用 L1 和 L2 独立载波相位观测值(L1,L2_INDEPENDENT)或者仅用 L1 载波相位观测值(L1_ONLY),相比用无电离层组合(LC_HELP)而言,可以降低噪声水平。

2)指定处理轨道策略

"BASELINE"仅使用固定轨道参数解算站点坐标[默认],"RELAX."求解站点和轨道参数,"ORBIT"仅用固定位置坐标解轨道参数(来自.apr 文件)。选择 BASELINE 时将固定轨道并在 GAMIT 处理中和输出 h 文件时忽略轨道参数,选择 RELAX 时将采用松弛解,合并全球 IGS h 文件时需要。要想点位置精度高用 RELAX,若目的是求基线后平差则用 BASELINE。在此实例中采用默认的 BASELINE。现在推荐使用固定 IGSF 轨道的"BASELINE"模式,可至少处理 6000km 的区域。

3)误差改正模型

在 tables 文件夹内存在许多 *.grid 文件以及与.grid 同名的.list 文件(除了 gpt.grid)。这些网格模型文件对应各类误差改正方法,如果需要做这类改正则需要手动下载这些网格模型文件,并在 sestbl.中对应的配置选项设置为"Y"(默认选项设置为"N")。

3. sites.defaults

该文件为处理过程中测站所使用的控制文件,使用方法代码如下:

site expt keyword1 keyword2….

(测站 项目名 关键字 1 关键字 2 …)

第一个标志是 4 个或 8 个字符的测站名,GAMIT 仅使用 4 个字符,GLOBK 也使用 4 个字符,除非发生了地震或测站重命名了;第二个标志是 4 个字符的项目名;剩下的标志为自由格式,指明处理过程中如何使用测站,所有本地目录的 RINEX 文件将会被 GAMIT 自动使用而不用列于此。所以一般情况下,可以忽略此文件的设置,采用默认即可。文件参数说明见表 5-2。

表 5-2 sites.defaults 文件参数说明

GAMIT:	
ftprnx	ftp 获取测站的 RINEX 数据
ftpraw	ftp 获取测站的原始数据
xstinfo	排除自动更新 station.info 的测站
xsite	处理过程中排除的测站,所有天或指定的某天
GLOBK:	
glrepu	GLRED 重复性解中使用的测站
glreps	在 GLORG 中定义参考框架(固定)使用的测站,用于 GLRED 重复性解
glts	利用 GLRED 重复性解的时间序列,要画图的测站

4. sittbl.

站点控制表,该表可以包含任何数量的测站,无论这些站点是否在当前处理的工程中用到,一般情况下采用默认值。对高精度的已知坐标进行强约束,待求点坐标进行松弛约束。

默认 sittbl.数据格式格式如下：

```
SITE              FIX      --COORD.CONSTR.--
    << default for regional sites >>
ALL               NNN      100.   100.   100.
    << IGb08 core sites >>
ALIC              NNN      0.050 0.050  0.050
ARTU              NNN      0.050 0.050  0.050
```

上面的 FIX 列表示 3 个站点坐标分量在解算过程中是固定(fixed)还是自由(free)(Y/N)的，NNN 表示 3 个坐标分量都不固定，单位为 m。100 表示松弛约束 100m，该点一般为待求点；0.050 表示强约束 0.05m，该点一般为已知起算点。

5. station.info

测站信息文件中最重要的是测站名和接收机天线信息（类型、序列号、硬件版本、天线高）。代码如下：

```
sed -n '1,6p' ../tables/station.info >./station.info
sh_upd_stnfo -files *.17o
```

6. l 文件

近似坐标非常重要，IGS 站可以直接从 itrf08.apr 拷贝，其他测站通过 sh_rx2apr 求取，近似坐标的获取有 3 种模式：读取头文件、单点定位和参考站差分定位。sh_rx2apr 只能逐站求解近似坐标，比较麻烦，可以编写脚本批量处理。代码如下：

```bash
#!/bin/bash
touch temp.lfile
year=$1
day=$2
yr=${year:2:4}
site=(`ls *${yr}o`)
for((i=0;i<${#site[*]};i++))
do
    line=${site[$i]}
    sitename=${line:0:4}
    ccdoy=${line:4:3}
    #下面分布采用 3 种模式获得近似坐标
    sh_rx2apr -site $line
    #sh_rx2apr -site $line  -nav ../brdc/brdc${day}0.${yr}n
```

```
     #sh_rx2apr -site $line   -nav ../brdc/brdc${day}0.${yr}n -ref bjfs0820.18o -apr
../tables/itrf08_comb.apr
       cat ${sitename}.apr >> temp.lfile
       rm ${sitename}.apr lfile.${sitename}
done
gapr_to_l temp.lfile lfile. "" $year $day
rm temp.lfile
```

第二节 GAMIT 处理流程介绍

GAMIT 软件处理可以分步进行,也可以使用 sh_gamit 批处理。其实 sh_gamit 就是将分布操作利用 csh 脚本串在一起,两者解算方法的本质都是一样的。

GAMIT 由不同功能模块组成,主要包括数据准备、生成参考轨道、计算残差与偏导数、周跳检测与修复和最小二乘平差等模块。这些模块既可以单独运行,也可以用批处理命令联合在一起运行,最大限度地减少人为操作,提高运算效率。GAMIT 详细基线解算流利图如图 5-2 所示。

1. 分部解算

第一步:makexp。

需要的文件:o 文件、n 文件、l 文件、station.info、rcvant.dat、sestbl.(利用这个文件判断选择哪个惯性坐标系,如果确实是此文件,默认采用 J2000)。

输出的文件:bctot.inp,d(expt)(yr).doy(列出后续解算需要的文件、x 文件、j 文件、g 文件、t 文件、l 文件),GAMIT.status,makexp.out,session.info(时段信息文件),sugo.makex.batch。

例如:sh _ makexp -expt demo -orbt igsf -yr 2017 -doy 010 -sess 99 -srin -nav brdc0100.17n -apr lfile. -sinfo 30 00 00 2880

其中,-expt 表示项目名称;

-orbt 表示 4 个字符的轨道名称,g,j,t 的文件名;

-gnss 表示 GNSS 数据类型(G R C E I J)[默认 G,即 GPS];

-yr/-doy 表示年/年积日;

-sess 表示搜索处理的测段,默认 99,表示全部测段;

-srin 表示搜索所有 RINEX 文件;

-nav 表示导航文件名;

-apr 表示近似坐标 l 文件;

-sinfo 表示设置采样率,不能高于数据采集时所设置的最大采样率;格式为处理间隔/开始时间(hh mm)/历元个数。

GNSS高精度数据处理——GAMIT/GLOBK入门

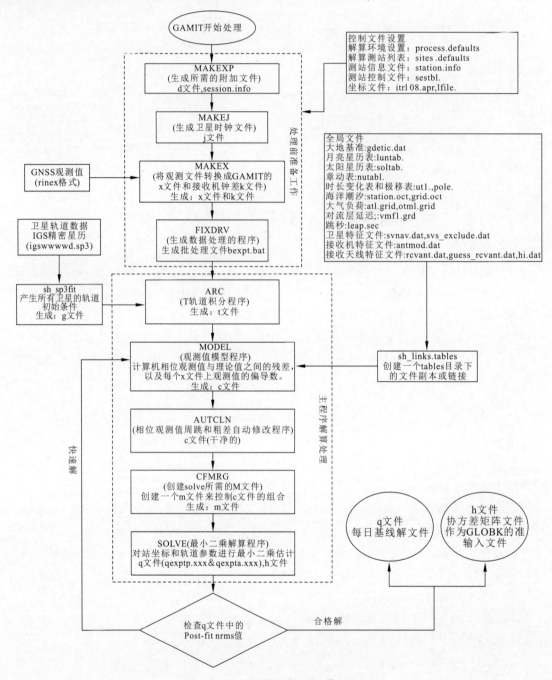

图 5-2　GAMIT 基线解算流程图

第二步：sp3fit。

需要的文件：sestbl.、sp3 星历文件、ut1. 时长变化表、pole. 极移表、nutabl. 章动表、soltbl. 太阳星历表、luntab. 月亮星历表、leap.sec 跳秒、svnav.dat 卫星天线类型、otlcmc.dat 海洋载荷改正。

66

输出文件为 g 文件(文件所有卫星初始轨道坐标文件)、t 文件、y 文件

例如:sh_sp3fit -f igs19312.sp3 -o igsf -d 2017 010 -r BERNE -t -u

其中,-f 表示 sp3 星历文件;

-o 表示四字符的 g/t 文件;

-d 表示年/年积日;

-r 表示太阳辐射压模型,默认采用 sestbl.中的设置模型,或者使用 BERNE;

-t 表示整合估计的初始条件(g 文件)以获得新的 t 文件;

-u 表示排除轨道精度指数为 0 的卫星,这表示未知的精度;更多参数请参阅使用说明。

第三步:sh_check_sess,检查 g 文件与 session.info 卫星一致性。

需要的文件:g 文件,svs_exclude.dat(卫星的质量情况数据)

输出文件:session.info(剔除了 g 文件中不存在的卫星)

例如:sh_check_sess -sess 010 -type gfile -file gigsf7.010

说明:

-sess:表示历元(时间)

-type:检查文件类型,本例是 g 文件的检查

-file:具体文件名称

第四步:makej,读取 n 文件生成卫星钟差 j 文件。

需要的文件:n 文件

生成的文件:j 文件

例如:makej brdc0100.17n jbrdc7.010

说明:

Makej:程序名称,功能是生成 j 文件

brdc0100.17o:导航星历文件,参考 RINEX 格式文件命令方式

jbrdc7.010:生成的 j 文件名字

第五步:sh_check_sess,检查 j 文件与 session.info 卫星一致性

需要的文件:j 文件,svs_exclude.dat(卫星的质量情况数据)

输出文件:session.info(剔除了 j 文件中不存在的卫星)

例如:sh_check_sess -sess 010 -type jfile -file jbrdc7.010

说明:参数含义和第三步一样

第六步:makex,将 o 文件转换成 GAMIT 所需的接收机钟文件 k 文件和观测文件 x 文件。

输出文件:k 文件、x 文件。

例如:makex demo.makex.batch

第七步:fixdrv,生成主程序处理文件 b(expt)(yr).bat 文件。
例如:fixdrv ddemo7.010
如果在 fixdrv 过程中出现如下错误:
FIXDRV/lib/julday:Unreasonable month: 0
则尝试在 sh_sp3fit 步解算中,试试去掉-t 参数,重新解算。

第八步:运行主程序,生成 q 文件、o 文件和 h 文件。
例如:csh bdemo7.bat

2. sh_gamit 批处理

sh_gamit -expt [expt-name] -s [yr] [start-doy] [stop-doy]
可选参数:
-dopt 表示数据处理完成后待删除的文件类型,例如-dopt D ao c x;
-copt 表示数据处理完成后待压缩的文件类型,例如-copt o q m k x;
-pres 表示绘制相位残差图或天空图,例如-pres elev。

第三节 GAMIT 基线解算

一、连续观测站数据解算

连续观测数据一般是通过收集整理获得,以 IGS 站为主要数据来源,测站天线高和接收机类型都比较明确,数据往往都已整理完毕可以直接使用。

首先新建一个工程目录 demo,然后进入该目录中开始 GAMIT/GLOBK 解算前准备工作。
第一步:需要在当前工程目录下建立的文件夹包括:igs、rinex、brdc(igs 文件夹存放精密星历文件;rinex 文件夹存放 o 文件,brdc 文件夹存放 brdc 导航文件);
第二步:将更新好的 tables 表文件链接到当前工程目录下;
第三步:下载观测文件和星历文件;
第四步:在 rinex 目录下求取 l 文件和 station.info 文件,并复制到 tables 目录下;
第五步:解算基线。
所有流程代码如下:

```
#! /bin/bash
mkdir demo
cd ./demo
#第一步
mkdir brdc rinex igs
```

```
#第二步
sh_setup -yr 2017
#第三步
cd brdc
sh_get_nav -archive sopac -yr 2017 -doy 056 -ndays 1
cd ../igs
sh_get_orbits -archive sopac -yr 2017 -doy 056 -ndays 1
cd ../rinex
sh_get_rinex -archive sopac -yr 2017 -doy 056 -ndays 1 -sites shao urum lhaz
第四步
#制作 station.info
sed -n '1,6p' ../tables/station.info > ./station.info
sh_upd_stnfo -files *.17o
#制作 lfile.
sh_rx2apr -site shao0560.17o
cat shao.apr > temp.lfile
rm shao.apr lfile.shao
sh_rx2apr -site urum0560.17o
cat urum.apr >> temp.lfile
rm urum.apr lfile.urum
sh_rx2apr -site lhaz0560.17o
cat lhaz.apr >> temp.lfile
rm lhaz.apr lfile.lhaz
gapr_to_l temp.lfile lfile. "" 2017 056
cp lfile. station.info ../tables
cd ../
#批处理解算基线
sh_gamit -expt demo -d 2017 056 -orbit IGSF -noftp -dopt D ao x c > sh_gamit.log
```

二、基线解算结果

GAMIT 会进行两次解算，第一次解算（arc、model、autcln、solve）采用 5min 采样，获得无整周模糊度解算结果，产生结果文件 autcln.prefit.sum；q<expt>p.ddd；第二次解算（model、autcln、solve）为最终基线解，采用 2min 采样，进行模糊度解算，产生结果文件 autcln.post.sum,q<expt>a.ddd。

GAMIT 的最小二乘求解程序 solve 产生 4 种解类型见表 5-3。

表 5-3 GAMIT 基线解算结果类型

解类型	文件	备注
约束浮点解（GCR）	q<expt>p.ddd o<expt>p.ddd	查看两个解文件并结合 autcln 的概要文件，评估解算质量好坏
约束固定解（GCX）	q<expt>a.ddd o<expt>a.ddd	
松弛浮点解（GLR）	h<expt>a.yrddd	glx 与 glr 文件在使用 GLOBK 的 htoglb 模块才会生成
松弛固定解（GLX）		

q 文件和 o 文件包含了基线解算，h 文件包含了方差协方差矩阵信息。GAMIT 基线解算得结果精度评定主要查看日解文件中的 sh_gamit_<DDD>.summary 文件，代码如下：

Input options -expt demo -d 2017 010 -orbit IGSF -noftp

Processing 2017 010 GPS week 1931 2 Using node:DESKTOP-N0UE137 Started at:18_03_30_17:29:20

Processing directory:/home/chaoshu/gamit_expt/demo/010
Disk Usage： 145402 Free 96771.1 Mbyte. Used 61%

Number of stations used 3 Total xfiles 3
Sites excluded by xsite command

Postfit RMS rms,total and by satellite
RMS IT Site   All   01   02   05   06   07   08   09…
RMS 14 ALL   5.7   60   53   54   55   54   47   66…
Best and Worst two sites:
RMS 14 URUM   5.4   6   5   4   5   6   4   6…
RMS 14 SHAO   5.5   6   5   5   6   5   5   8…
RMS 14 ALL   5.7   60   53   54   55   54   47   66…
RMS 14 LHAZ   6.3   7   8   8   0   6   5   6…

Double difference statistics
Prefit nrms： 0.96120E+00   Postfit nrms:0.20578E+00
Prefit nrms： 0.95814E+00   Postfit nrms:0.21289E+00
Prefit nrms： 0.96120E+00   Postfit nrms:0.20504E+00
Prefit nrms： 0.95814E+00   Postfit nrms:0.21215E+00
Number of double differences： 7161
Phase ambiguities WL fixed 100.0% NL fixed 80.4%

注意指标：

(1) 测站数与 x 文件数匹配；

(2) Site postfit RMS 数值范围在 3～10 mm，并且没有测站的 RMS＝0 (autcln 没有保留数据)；

(3) solve 结果中不论约束解还是松弛解均应满足 Postfit nrms 至 0.2；

(4) 相位模糊度解算 (70%～85% 一般，大于 90% 很好)。

三、相位残差图

在执行 sh_gamit 批处理的时候，设置参数 "-pres ELEV" 会在 figs/ 目录下面产生每个站的 PNG 相位残差图 (需要 GMT 程序的 psconvert 和 ps2raster)，能够用于评估多路径、水汽和天线相位中心模型 (接收机性能)。

图 5-3 天空图中红色线表示卫星运动轨迹，黄色线和绿色线分别表示正负残差，红色的小棒子表示刻度 (10mm)。天空图中不同时间同一地点的高残差提示多路径影响大，而在一个特定的地方出现的高残差表明是水汽影响。

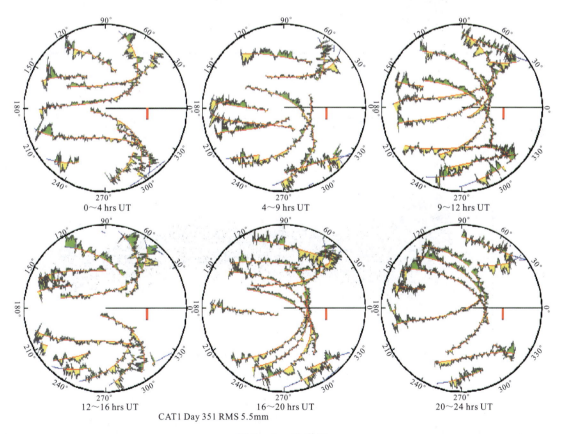

图 5-3 天空图

图 5-4 中,红色线代表平均值,绿色线表示由 autcln 计算的常数+高度角相关噪声模型。正常模式(a 图)中红色线的整体趋势平缓。中间部分角噪声可能是大气延迟误差。坏的模式(b 图)中红色线的整体趋势波动很大,说明天线相位模型较差(或许是弄错了 station.info 天线信息)。

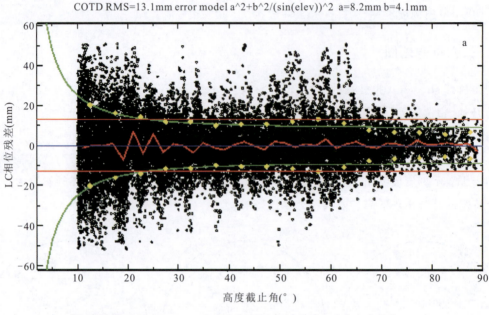

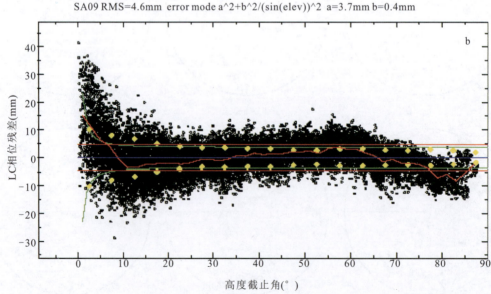

图 5-4 相位与高度截止角关系

第四节 添加未知天线

现在越来越多的国产接收机天线出现,而 GAMIT 中可能还没有及时包含这些天线,下面详细介绍一下如何在 GAMIT 添加新的天线类型。

1. 首先对 GAMIT 中几个与天线有关的文件做一个说明

1)antmod.dat 文件

antmod.dat 为天线相位中心参数文件,GAMIT 软件解算天线相位中心模型:方位角和高度角表示天线相位中心偏差及改正。

2)guess_rcvant.dat 文件

由于转换软件、转换执行者习惯的不同,可能导致由原始观测文件转换成的 RINEX 观测文件中接收机型号、软件版本、天线类型等内容不规范和不统一。guess_rcvant.dat 文件可以将 RINEX 文件中出现的接收机、天线类型对应一个 GAMIT 代码(注意:文档中空格的表示方法为"^")。

3)hi.dat 文件

该文件中描述了各种天线类型的不同天线量高方式所对应的改正数,改正数是相对于天线参考点的。

hi.dat 文件中各列分别代表:天线类型对应型号、天线 GAMIT 代码(6 位)、量高方式、水平偏差、垂直偏差和相应的说明等。

4)rcvant.dat 文件

rcvant.dat 为接收机及天线名称对照表,也就是 GAMIT 接收机/天线代码(6 位)与 IGS 接收机/天线代码(20 字符)的对照表。

5)station.info 文件

station.info 文件为测站信息表,文件中记录了测站名、观测起止时间、天线高、量高方式、接收机类型和天线类型等信息。

如果在 hi.dat 文件中没有实际观测项目中所使用的接收机、天线型号,可以参照其他接收机/天线型号格式进行添加,下面详细说明一下如何添加新的天线。

2. 在 antmod.dat 文件中添加天线改正信息

在进行 GNSS 静态测量内业数据处理过程中,会用到一个关键的接收机指标——相位中心高度。相位中心高度通常指接收机相位中心至仪器底部的高度,用于计算接收机观测时的天线高,相位中心高度一般标注在 GNSS 接收机天线底部标签上。

一般 GNSS 控制网解算时，只需用到 L1、L2 波段相位中心高度。但在大范围、长基线的 GNSS 数据处理过程中，往往都会用到更为精密的数据处理方法。一方面，一般不会采用随接收机标配的 GNSS 商业数据处理软件，而是用 GAMIT 等高精度 GNSS 数据处理软件进行长基线解算；另一方面，不仅需要 L1、L2 相位中心高度，也需要更为精确、详细的天线相位中心参数。

目前各厂商的 GNSS 接收机由于天线型号、主机型号各异，因此不同型号的主机有不同的天线参数。用户需要用 GNSS 接收机详细的天线参数时，除了咨询厂商，也可以在 NGS 网站上进行查询获取。

NGS 是美国国家大地测量局（National Geodetic Survey）的简称，它是一个美国联邦机构，负责定义、维护和提供国家空间参考系统（NSRS），同时也提供部分公众服务。由于 NGS 的天线认证有着悠久的历史和严苛的测试标准，现已成为业界标杆。

1）在 NGS 中查找到相应的天线类型

默认 NGS 中能找到相应天线，不然就得想办法按照特定格式编写天线的几何参数了。

首先寻找生产厂家，以华信（Harxon）HXCCSX601A 天线为例，查看 Drawing，再次确认是不是所查找的天线类型（图 5-5、图 5-6）。

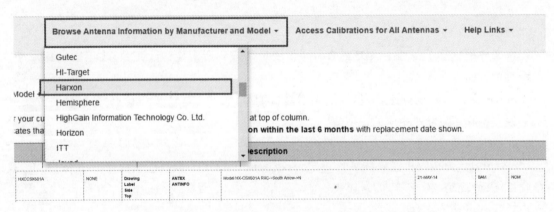

图 5-5　NGS 主页查找 GNSS 仪器厂商天线改正参数

2）复制 ANTEX 的天线信息内容到 antmod.dat

ANTEX 为新版的天线格式文件，ANTINFO 为旧版本的天线格式文件，在任意一个"END OF ANTENNA"后面都可以将 HXCCSX601A 天线相位信息添加到 antmod.dat 中如图 5-7 所示。

3）在 rcvant.dat 中添加接收机和天线信息

a.添加接收机信息

在文件中 RECEIVERS 部分添加接收机的简码（RECCOD）、IGS 代码（IGS 20-char code）和描述（Description）。

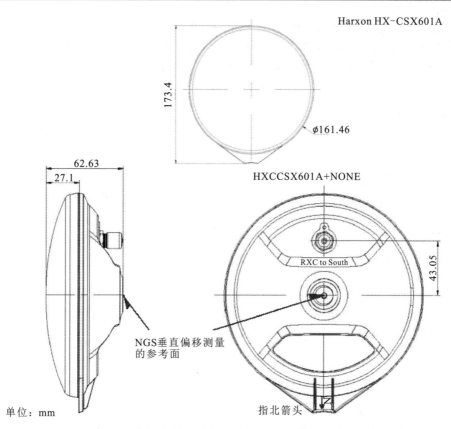

图 5-6　NGS 中 GNSS 接收器概略图（以华信 HXCCSX601A＋NONE 为例）

```
     1.4           G                         ANTEX VERSION / SYST
A                                            PCV TYPE / REFANT
This calibration extracted from composite ngs08.atx. See   COMMENT
the composite file ngs08.atx for more information.         COMMENT
                                             END OF HEADER
                                             START OF ANTENNA
HXCCSX601A      NONE                         TYPE / SERIAL NO
     FIELD          NGS              4   21-MAY-14   METH / BY / # / DATE
     0.0                                     DAZI
     0.0   80.0    5.0                       ZEN1 / ZEN2 / DZEN
     2                                       # OF FREQUENCIES
NGSRA_1923                                   SINEX CODE
CONVERTED FROM RELATIVE NGS ANTENNA CALIBRATIONS  COMMENT
     G01                                     START OF FREQUENCY
     0.28    -0.77   57.65                   NORTH / EAST / UP
     NOAZI  0.00  0.77  1.20  1.37  1.18  0.98  0.54  0.21  0.03  -0.11  -0.16  -0.29  -0.43  -0.75  -1.38  -2.21  -3.23
     G01                                     END OF FREQUENCY
     G02                                     START OF FREQUENCY
     1.82    -0.39   48.55                   NORTH / EAST / UP
     NOAZI  0.00  0.77  1.19  1.32  1.31  1.02  0.71  0.23  -0.21  -0.61  -0.75  -0.56  -0.13  0.47  1.17  1.99  3.05
     G02                                     END OF FREQUENCY
     G01                                     START OF FREQ RMS
     0.5    0.3    0.7                       NORTH / EAST / UP
     NOAZI  0.0  0.1  0.2  0.2  0.2  0.2   0.2   0.2  0.2  0.2  0.3  0.3  0.3  0.5  0.6  0.9  0.0  0.0
     G01                                     END OF FREQ RMS
     G02                                     START OF FREQ RMS
     0.4    0.7    0.6                       NORTH / EAST / UP
     NOAZI  0.0  0.2  0.2  0.3  0.2  0.2   0.1   0.1  0.1  0.1  0.2  0.3  0.4  0.5  0.5  0.4  0.4  0.0  0.0
     G02                                     END OF FREQ RMS
                                             END OF ANTENNA
```

图 5-7　ANTEX 版的天线（以华信 HXCCSX601A＋NONE 为例）格式文件

接收机类型：

"N"表示接收机属于非交叉相关型，能接收 P1、P2 码。

"P"表示接收机是属于交叉相关型并且进行 DCB(C1-P1)。

"C"表示接收机属于非交叉相关型,但是当反电子欺骗存在时只能接收到 C1 码而不能接收 P1 码,当反电子欺骗关闭的时候接就和"N"型接收机一般。

" "表示 DCB 状态未知,表示还没有确定正确的类型,直到该文件被修改后反映接收机的正确描述,GAMIT 才进行处理。

示例:添加天宝 NETR9。

```
TRNTR9              TRIMBLE NETR9           C |  L1/L2+L2C/L5 GLONASS L1/L2
with 2 Maxwell-6 ASIC,eth + SBAS,440 channel
```

b. 添加天线信息

在文件中 ANTENNAS 部分添加天线的简码(ANTCOD)、天线 IGS 代码(IGS 20-char code)和描述(Description)。

示例:添加天宝 TRM57970.00。

```
TRZG2R        *    TRM57970.00              | Zephyr GNSS II - RoHS compliant
solder    L1/L2/L5/G1/G2/G3/E1/E2/E5ab/E6/Compass
```

以上步骤是在 rcvant.dat 中添加天线和接收机信息,主要是将接收机全名和天线全名分别对应一个 6 位的简码,格式必须遵循 GAMIT 的要求。

4) 添加简码

将上面的天线和主机编号的简码,添加到 guess_rcvant.dat 文件中。

5) hi.dat 天线量高方式文件

示例:

```
TRM57970.00          TRZG2R DHARP 0.       0.      ! ARP is pre-amp base
```

如果在 hi.dat 中没有找到,则修正值为 0;若天线量取方式是斜高,则根据天线的几何形状,相对于天线参考点的水平偏差、垂直偏差,安装按实际情况添加。

第五节 GAMIT 常见错误

基于 GAMIT 进行高精度基线解算,需要整理标准格式观测文件、站点概略坐标、测站接收机、天线信息、基线解参数设置和多个表文件更新等,因此在解算过程中会提示一些出错信息。表 5-4 列出一些常见 GAMIT 基线解算出错信息及解决方案,以便能够正确高效获取高精度基线解。

表 5-4　GAMIT 基线解算常见错误信息表

	报错信息	错误原因	解决方案
与观测信息相关错误	Error opening reference station.info file	通常是因为解算目录的 tables 文件夹内缺少 station.info 文件	将 GAMIT/GLOBK 安装目录的 station.info 文件或从网上下载的 station.info 文件拷贝到解算目录的 tables 文件夹内
	Cannot find site code GPSA on l-life	lflie.文件中无 GPSA 点的概略坐标或者该点的概略坐标格式不正确	检查 lflie.文件是否存在相应站点概略坐标或 lflie.文件格式是否正确
	GDBTAB/geoc_to_geod: Failure to converge	因为提供的某些站点概略坐标错误	更新更准确的概略坐标
	Geodetic height unreasonable: check p- and 2l-files	由站点概略坐标错误引起	在 GAMIT 输出信息中从该条错误信息开始往前查找最近的一个站名,该站点即为概略坐标错误的站点。修改 lflie.文件中该站点的概略坐标为正确值然后重新进行解算
	Neither T- nor g-file available	输入的轨道文件可能有问题	需检查精密轨道 igs 或 igr 文件
	No match for GP02 2019169 0 0 0 in station.info	station.info 缺少对应的测站信息	IGS 站更新 station.info,自己采集数据则添加站点信息到 station.info (sh_upd_stnfo)
	SITE PCN-code missing for receiver type in rcvant.dat	通常是因为某个站点(SITE)的接收机类型不包含在 rcvant.dat 文件内,即该站点的接收机类型不受支持	查看对应站点的观测文件和 rcvant.dat 文件,核对其中的接收机类型。若观测文件中的接收机类型与 rcvant.dat 中的相似但不完全一致,则可能是观测文件中的接收机类型不规范,此时可以将其中的接收机类型改为 rcvant.dat 中的规范名;若观测数据的接收机类型在 rcvant.dat 中不存在,可以考虑将观测数据的接收机类型用相似的接收机代替
	Station.info missing antenna for SITE 2017 211	station.info 文件中缺少某个站点(SITE)的天线类型	编辑站点在对应年积日的观测文件,加入或修改其中的天线类型信息。然后使用 sh_upd_stnfo 命令更新站点信息文件 station.info

续表 5-4

	报错信息	错误原因	解决方案
与设置或表文件相关的错误	components on grid file record not equal 44 or 84 (Nameotl.grid)	没有正确设置海潮模型	方案之一是在 sestbl. 文件中禁用海潮模型，或者下载所需的海潮模型文件，并将 otl.grid 链接到模型文件
	Date for TAI-UTC(2457936) after stop date in leap.sec	参与解算的数据的观测日期晚于 leap.sec 文件的更新日期	下载最新的 leap.sec 文件，替换解算目录 tables/ 文件夹下的同名文件，然后重新进行解算
	JD= 2458017 out of range of pole/ut1 table, JDT1= …	参与解算的数据的观测日期晚于 pole.usno 或 ut1.usno 文件的更新日期	下载最新的 pole.usno 和 ut1.usno 文件，替换解算目录 tables/ 文件夹下的同名文件，然后重新进行解算
	Ocean loading requested no list or grid file	没有正确链接海潮模型文件	下载所需的海潮模型文件，并将 otl.grid 链接到模型文件
	Site-dependent mapping function requested but no list or grid file	缺少与设置相对应的映射函数（VMF1）	基线解算过程中使用的映射函数模型在 sestbl. 文件中设置
	Number of double differences for each satellite PRN	查看基线解 q 文件中各测站中各卫星的双差观测值数目是否正常，若发现某一测站的双差观测值数目均为 0，则表明该测站的初始坐标精度太低	需更新 lfile.文件中该测站的初始坐标，确保其初始坐标精度优于 10m

第六章 GLOBK 数据处理

一般而言,GAMIT 所求得的解并不能直接用来作为测站坐标,需要进一步开展网平差。后处理网平差有两类:第一类使用基线解 q 文件或者 o 文件,例如 TBC、CosaGPS 软件或 PowerNet;第二类使用协方差矩阵 h 文件,例如 GLOBK、QOCA 等。第一类偏向工程运用,第二类更多用于科研,本章重点介绍 GLOBK 数据处理过程。GLOBK 的解算流程如图 6-1 所示。

GLOBK 是一个卡尔曼滤波器,其主要目的是对 GAMIT 的基线结果进行网平差处理。因此其输入文件一般是一些标准观测量,比如测站坐标(apr)、地球自转参数(pmu)、卫星轨道(svnav.dat)以及协方差矩阵(h 文件)。虽然 GLOBK 最初是为 GAMIT 和 CALC/SOLVE(VLBI 处理软件)而设计的,随着不断发展,如今也能接受其他处理软件的结果,比如 GIPSY 和 Bernese 等。

GLOBK 主要有 3 个主要功能:①结合一个观测作业期内不同时段(例如不同天)的初步处理结果,获取该观测作业期的测站坐标最佳值;②结合不同年份获取的测站坐标结果估计测站的速度;③将测站坐标作为随机参数,生成每个时段或每个观测作业期的坐标结果以及评估观测质量。

GLOBK 内部主要由 globk、glred 及 glorg 三种模块组成,能合并由各种不同的解算软件所得结果。

(1)globk:用于时间域和空间域数据合并(图 6-2)。即可将数十年的资料合并成一个解,或是将数个子网合并成日解,同时可以估计测站坐标与速度场。

(2)glred:用于重复性分型。与 globk 命令类似,不同的地方是 glred 把日解的 h 文件做为独立的,这种方法相较于 globk 更能凸显坐标的可重复性,也就是由这个命令来生成时间序列。

(3)glorg:用于合并 h 文件求解最佳坐标。利用坐标框架的旋转、平移、尺度变化来求解最佳估值。

简而言之,globk 将所有的 h 文件联合成一个独立的解,而 glred 则将每个 h 文件都会产生一个独立的解(除非.gdl 中 h 文件名后面有"+")。一般数据梳理,在 GAMIT 解算完成后,先利用 glred 求得每日解并得到测站时间序列,查看是否有异常值,存在的话需要调整参数重新解算,如果效果还是不行,直接利用 rename 命令将该测站从 h 文件中剔除。之后将所有的每日解利用 globk 合并,以估算各测站坐标与速度场。此时通常不会采用太紧的约束,这样的好处是给 glorg 在做网形旋转、平移时,有较多空间去调整,不会有过度约束的问题。最后使用 glorg 去定义一个参考框架,并对所有参考站强约束,以求得在该参考框架下最佳坐标。

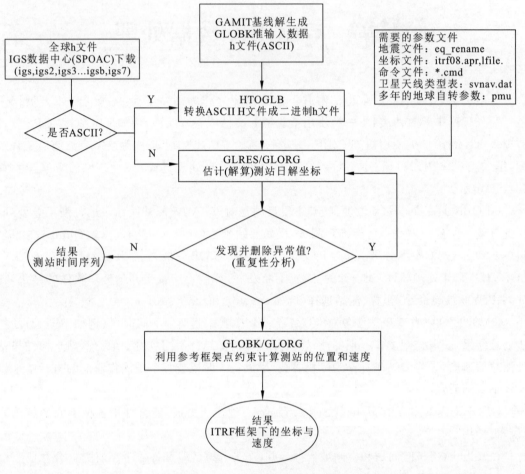

图 6-1 GLOBK 解算流程图

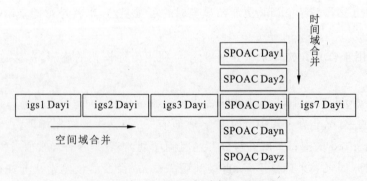

图 6-2 GLOBK 合并解文件方式

第一节 命令文件详解

GLOBK 由命令文件控制程序具体执行策略,命令文件均是以.cmd 为后缀,默认使用 globk_comb.cmd 和 glorg_comb.cmd。注意:GAMIT/GLOBK 很多文件都是利用行首字符来区别是否为注释。

行首字符为空格:表示文本正式内容。

行首字符非空格:表示本行是注释内容,通常使用"*"或"#"来表示。

命令文件包含以下类型。

(1)估计命令:告知 GLOBK 估计参数的选择和具体约束值。例如"apr_xxx"和"mar_xxx"命令(这里的"xxx"是参数类型,例如 neu,svs,wob,utl,atm)。

"apr_xxx"表示给估计的参数分配一个先验的非零(如果为 0,表示不估计该参数)标准偏差值;"mar_xxx"表示将给每一个新的 h 文件添加马尔可夫随机过程噪声,以便随着时间的推移它们具有松弛先验值(apr_)的效果。

(2)先验信息命令:坐标、测站选择(例如 apr_file 和 stab_site)。

(3)输出文件(类型和文件名),指定 glorg 的控制文件名。

站点坐标和轨道参数必须存储在输入的 h 文件中,以便在解方案中使用或应用约束条件。然而,对于站速度、地球定位参数(EOP)以及平移和旋转参数,GLOBK 可以生成偏导数并将它们添加到解,即使它们不在 h 文件中。

如果某个待估参数("apr_xxx")输入零值,或者在命令文件中未提及该参数(没有相应的"apr_xxx"),则结果取决于它是否出现在 h 文件内,以及是否与其他估计的参数相关。在大多数情况下(测站坐标、速度和轨道参数)输入零或省略输入意味着忽略参数并且不予考虑。这意味着如果参数包含在输入的 h 文件中,并且未在命令文件中提到它,将隐式地保留它原来没有在解方案中明确列出的约束。例如,如果输入的 h 文件是由轨道参数松弛约束创建的(例如由 GAMIT 创建),并且在 GLOBK 命令文件中省略了 apr_svs 命令,则轨道在 GLOBK 解决方案中保持隐式松弛;如果轨道在先前的解决方案中进行了约束,那么即使轨道参数不再出现在解中,这些约束也会隐含地保留。

一、globk_comb.cmd 命令文件内容

在 GLOBK 执行过程中,默认会使用安装路径(~/gg/tables)下的 globk_comb.cmd 模板命令文件。表 6-1 罗列了一些常见的命令。

表 6-1 globk_comb.com 控制命令详解

属性	命令	作用	设置举例
开始命令,必须放在所有命令之前	com_file	设置"暂存文件"的名称,包含有关运行的信息,可以作为 glred 的输入文件	com_file globk_rep.com
	srt_file	带时间排序的 h 文件列表的二进制文件	srt_file @.srt
	srt_dir	用于确定数据按照何种顺序进行时间排序。设置为+1,表示按升序排序;设置为-1,指定为按降序时间顺序排序数据	srt_dir +1
	make_svs	指定一个文件名,写入从输入的二进制 h 文件中读取卫星参数的先验值	make_svs svs.apr
	eq_file	地震文件,可以排除测站或重命名测站以解释由于地震或仪器变化造成的地形突变	eq_file ~/gg/tables/itrf08_comb.eq
新加的开始命令,但是不要求出现次序	sol_file	具有解和协方差矩阵的二进制文件	sol_file globk_rep.sol
站坐标文件	apr_file	测站近似坐标列表文件	apr_file~/gg/tables/itrf08_comb.apr
输入数据参数约束	max_chii	最大限差参数设置	max_chii 13 3
先验地球自转表	in_pmu	用于分析极移/UT1	in_pmu ../tables/pmu.usno
输出打印命令控制	crt_opt	指定 GLOBK 运行信息输出方式,默认不输出文件,即:<crt>=6(屏幕输出)	crt_opt NOPR
	prt_opt	GLOBK 结果输出文件名,可以设置6,输出屏幕上	prt_opt NOPR GDLF CMDS MIDP
	org_opt	glorg 结果输出文件名	org_opt PSUM CMDS GDLF MIDP FIXA RNRP
估计参数的选择和约束	apr_neu	站坐标和速度约束	apr_neu all 10 10 10 0 0 0
	mar_neu	随机噪声过程	mar_neu eeee 0 0 36500 0 0 0
卫星轨道参数	apr_svs	设置卫星轨道参数	apr_svs all 100 100 100 10 10 10 1R

续表 6-1

属性	命令	作用	设置举例
地球旋转参数	apr_wob	地球极轴先验不确定性	apr_wob 10 10 1 1
	apr_ut1	ut1 的先验不确定性	apr_ut1 10 1
	mar_wob	地球极轴噪声过程	mar_wob 3650 3650 365 365
	mar_ut1	ut1 的噪声过程	mar_ut1 365 365
极潮改正	app_ptid	如果在 GAMIT 中忽略极潮，GLOBK 中可以改正极潮	app_ptid all
可选择命令	org_out	定义 sh_glred 命名后输出的 .org 文件名	org_out globk_comb.org
	out_glb	合并多个 h 文件	out_glb Hrep_COMB.GLX
无需关注太多，默认设置即可	free_log	是否在 eq_file 中关闭地震日志估计值	free_log -1
	del_scra	删除重复运行的临时文件	del_scra yes

表中，srt_file @.srt 中的"@"为通配符，能够把列表文件中的相应字符替换。举个例子，列表文件为 grece_fxd.gdl，则 srt 文件名为 grece_fxd.srt。

<com_file>的"暂存文件"为过程文件，用于保存中间结果。com_file 用于存储 glout 和 glorg 程序运行输出的信息。如果在使用 GLOBK 时不从 glred 中调用 glorg，则可以通过省略 com_file 命令来节省处理时间。

<make_svs>指定一个文件名，写入从输入的二进制 h 文件中读取卫星参数的先验值；当来自同一天的 h 文件被合并时，将使用来自第一个 h 文件读取的信息。如果 svs 文件已经存在，它将被覆盖。如果缺少 make_svs 命令，则 globk 将查找 svs_file 命令，该命令以前用于指定由 htoglb 或 unify_svs 写入的先验卫星参数列表：apr_svs<filename>。

如果在文件名之后指定了选项 Z，则辐射参数被设置为使得直接辐射为 1.0，并且所有其他辐射压力参数为零。此选项对于稳定轨道解决方案非常有用，但如果严格限制已正确调整为非零值的参数，则可能会产生不利影响，当使用 rad_rese 命令时，建议调用 Z 选项，默认是不要调用它。

<eq_file>有一个或多个地震文件，可以排除测站或重命名测站以解释由于地震或仪器变化造成的地形突变。

<apr_file>指定 globk 或 glorg 命令中用于站点的先验坐标和速度的 apr 文件。

max_chii 后面跟着的是 3 个参数限差，分别是卡方增量，先验参数值的变化以及在组合新的 h 文件之前的网形允许的最大旋转。例如：

max_chii <max chi **2 Increment> <max prefit difference> <max rotation>

其中,"<max chi **2 Increment>"当在解决方案中组合新的 h 文件时,"<max chi **2 Increment>"给出了"chi **2"中的最大允许增量。"max_chii"的默认值是 100.0。"<max prefit difference>"站坐标预拟残差的最大限差,默认值是 10 000,对于一个站点来说相当于 10km。当先验坐标精度较高时,该值可以设置得很小(例如对于具有良好轨道的全球站网,对应于站坐标精度 10cm,EOP 为 32mas,轨道初始位置 100m)。"<max rotation>"此功能目的是避免必须将 EOP 参数的马尔可夫值设置得过大,而导致在相位解算时候造成少数 h 文件的 EOP 具有较大误差。对于全球站网,可以从数据中很好地确定旋转,因此"<max rotation>"可以设置小一些(例如 20mas),对于区域网络,旋转是不确定的,应保持宽松,以避免可能数值问题造成的错误旋转,默认值是 10 000mas。

当数据是"坏"的时候,max_chii 命令允许自动删除 h 文件,在 GLOBK 中检查高卡方值探测,坐标相对于先验值调整较大,或者测站网较大的旋转。例如常用设置:max_chii 30 50 2000。

<in_pmu>设置先验地球旋转表,除非 h 文件合并时存在不同的先验 EOP,否则不需要。

<org_cmd>调用 glorg 时使用的命令文件名,如果只是单纯合并 h 文件,需要注释该行。

输出控制命令,globk 的输出通常会产生两次,一次到达屏幕,另一次到达指定的打印(prt)文件,利用 prt_opt、org_opt 和 crt_opt 命令来控制具体输出的内容。

ERAS 在输出时清除文件重新生成(通常是追加到文件尾)。

CORR 输出相关矩阵。

BLEN 输出基线长度和组件。

BRAT 输出基线长度和组件变化率。

CMDS 将 globk 和 glorg 命令文件内容写入输出文件。

VSUM 输出速度场信息的简短版本(每站一行)。

COVA 输出全精度协方差矩阵。

PSUM 显示平差后坐标信息。

GDLF 包含来自运行的 h 文件和 chi **2 增量列表。

DBUG 当有负方差和负卡方增量时,输出矩阵细节。

NOPR 不要输出文件(crt、prt 或 org,取决于 opt 设置)。

SDET 用 glorg 输出稳定计算的详细信息。

RNRP 报告重新命名的站点位置和速度差异的统计。

FIXA 处理结果自动修正先验坐标中的差异(除非坐标相差超过 1m)。

PLST 在运行 GLOBK 过滤器之前,将要估计的参数列表报告给日志文件(如果列表不是预期的工作站组,那么 GLOBK 运行可能会被终止,GLOBK 命令文件被修复并且运行重新开始)。

GEOD 输出 GEOD 坐标(WGS84)(sh_exglk-g 选项)。

UTM 输出 UTM 坐标(WGS84)(sh_exglk-u 选项)。

SMAR 输出 GLOBK 处理站点噪声。

PBOP 设置输出 PBO 处理的位置和速度(需要用 tssum 生成时间序列文件)。

例如:

org_opt PSUM CMDS GDLF MIDP FIXA RNRP

表示 org 文件中输出如下内容:PSUM,输出 NEU 坐标平差结果;VSUM,输出 NEU 速度;BRAT,输出基线分量速率;CMDS,显示 globk 和 glorg 命令文件内容;GDLF,列出 h 文件及其卡方增量;FIXA,固定先验坐标和速度。

apr_neu <site> <sigN> <sigE> <sigU> <sigVN> <sigVE> <sigVU>

其中,site 是站点名,如果为"all"表示运用所有站点;<sigN> <sigE> <sigU>是位置约束(单位:m);<sigVN> <sigVE> <sigVU>速度约束(单位:m/yr)。

例如:

```
apr_neu all 10 10 10 0 0 0
apr_neu iisc_gps 0.01 0.01 0.01 0 0 0
```

表示除了 iisc 以 10mm 约束以外,对所有测站坐标以 10m 约束。

<apr_neu>是站点坐标和速度的先验约束。如 apr_file 命令指定了先验坐标文件,那么 apr_neu 将约束此文件;若 apr_file 没有指定先验坐标文件,则 apr_neu 将会约束全部的文件。使用 apr_site 命令可以在笛卡尔直角坐标 X、Y、Z 中约束,或使用 apr_neu 命令在北、东、高方向约束。坐标和速度的约束单位为 m 和 m/yr;上面命令语句中,速度约束为 0,因此速度将不会进行参数估计(也就是不进行约束),为了强制约束速度,可以利用"F"代替 0。

首先设置全部站点("all")为模式值,然后针对特定站点覆盖。

```
apr_site dddd F F F 0 0 0
```

为了完全固定一个站点,可以使用"F"作为设置,这将为站点留出参数估计空间。不推荐使用局部坐标,因为 GLOBK 在内部以笛卡尔坐标工作,"0"值可能导致最后解存在(小)负方差。

mar_neu <site> <RWN> <RWE> <RWU> <RWVN> <RWVE> <RWVU>

其中,"site"是站点名,如果为"all"表示运用所有的站点;<RWN><RWE> <RWU>表示测站位置随机游走(单位:m^2/yr);<RWVN> <RWVE> <RWVU>表示测站速度随机游走[单位:$(m/yr)^2/yr$][通常设置 0 0 0]。

apr_svs <PRN> <X Y Z> <Vx Vy Vz> <Radiation parameters>

其中,<PRN>表示 PRN_NN 或者设置"all";<X Y Z>表示坐标约束(3 个值,单位:m);<Vx Vy Vz>表示速度约束(3 个值,单位:mm/s);<Radiation parameters>表示辐射参数约束;<Radiation parameters>表示辐射参数约束,它有 11 个参数值,且这 11 个参数都是介于 0~1 之间的小数值。

apr_svs 参数设置有两种情况。

(1) 当包含全球站点。

apr_svs all 100 100 100 10 10 10 1R

(2) 只有区域站点。

apr_svs all 0.1 0.1 0.1 0.01 0.01 0.01 0.01R

其中，行尾"R"表示剩余辐射参数。

apr_wob <X> <Y> <Xdot> <Ydot>

其中，"X""Y"表示极位置(mas)；"Xdot""Ydot"表示变化率(mas/day)。

apr_ut1 <ut1> <ut1 dot>同样有两种设置方式。

(1) 全球网点。

apr_wob 10 10 1 1

apr_ut1 10 1

(2) 区域网点。

apr_wob 0.2 0.2 0.02 0.02

apr_ut1 0.2 0.02

二、glorg_comb.cmd 命令文件内容

glorg_comb.cmd 命令文件内容具体命令详细介绍见表 6-2。

表 6-2 glorg_comb.cmd 控制命令详解

属性	命令	作用	设置举例
估计的参数	pos_org	设置坐标系的原点，旋转和缩放的参数	pos_org xtran ytran ztran xrot yrot zrot scale
控制高度的相对权重	cnd_hgtv	默认值设置为10，但随着值增加会降低高度对水平位置估计的影响；设置1000是较为有利的	cnd_hgt 1000
站坐标文件	apr_file	测站近似坐标列表文件	apr_file ~/gg/tables/itrf08_comb.apr
设置坐标系稳定的特性	stab_ite	迭代次数、测站相对权重、n 倍的约束	stab_ite 4 0.8 3.0
稳定的测站列表	stab_site	在原始定义框架所有测站中使用的稳定候选站列表。默认是"all"，所以通常以 clear 开始，以避免使用错误或不稳定测站	stab_site clear

pos_org 控制固定过程中的要估计参数：

（1）xtran ytran ztran ——允许平移（GAMIT 中选择"BASELINE"，则 globk 中设置 apr_tran）；

（2）xrot yrot zrot ——允许旋转；

（3）scale——允许缩放（若要使用，在 globk 也要顾及缩放，apr_scale 和 mar_scale）。

stab_ite ［♯iterations］［Site Relative weight］［n-sigma］

其中，［♯iterations］表示迭代次数，默认值是"2"，多数情况下能正常工作，但迭代很快，所以通常设置为 4。

［Site Relative weight］表示测站相对权重，如果设定为 0.0，则在整个处理过程中所有站点的权重相等；如果设置为 1.0，则权重由前一次迭代中的坐标中误差确定；如果设置为中间值［例如 0.5（默认值）］，则根据来自前一次迭代的坐标中误差的 50％确定权重。需要注意，迭代次数必须大于 1 才能被调用。

［n-sigma］设置条件以消除与先验坐标不一致的测站。同样，迭代次数必须大于 1 才能使用，默认值是 4.0。

第二节　GLOBK 基本使用方法

一、GLOBK 文件命名规则

GLOBK 使用任意文件名，但有一些使用规则。

（1）htoglb 生成的二进制 h 文件包含松弛约束固定解.glx 和松弛约束浮点解.glr（通常不用该文件）。

（2）GLOBK 输入二进制 h 文件列表以.gdl 为后缀。

（3）GLOBK 和 GLORG 命令文件：globk_<type>.cmd 和 glorg_<type>.cmd，其中常见的<type>有重复性（rep）、组合解（comb）、速度分析（vel）。

（4）输出文件：打印文件（globk 未经过 glorg 框架转换）.prt，glorg 输出文件.org；日志文件.log。

（5）近似坐标文件：.apr。

（6）地震或者重命名文件：.eq，默认使用 itrf08_comb.eq。

（7）稳定站列表文件（使用 source 命令）：.stab。

上述文件格式都是常用默认形式，只要遵守即可，但不是必须要求，例如稳定站列表文件 ITRF2008_comb.stab_site。

二、GLOBK 使用方法

在开始介绍 GLOBK 使用方法前，需了解该软件的文件流示意图，如图 6-3 所示。首先是 ASCII 的 h 文件（例如，GAMIT 的 h＜expt＞a.＜yy＞＜doy＞）经 htoglb 转换成 GLOBK 输入二进制 h 文件，接着编辑命令文件 *.cmd，执行 globk 或者 glred，调用 glorg 程序获得约束解.org。

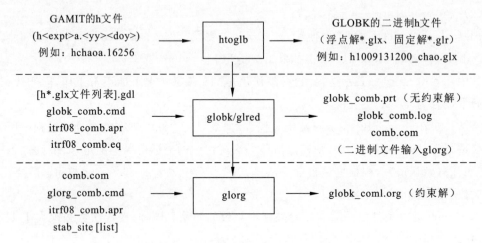

图 6-3 GLOBK 软件文件流示意图

1. 运行 htoglb

语法：

htoglb ＜dir＞ ＜ephemeris file＞ ［options］ ＜list of ascii files＞

其中，＜dir＞为二进制 h 文件输出目录；＜ephemeris file＞为星历文件，是卫星轨道文件（不再使用）；［options］参数设置-n，设置命名格式（具体参考 htoglb.hlp 文件）；-m，分配更多的内存（只有非常大的 sinex 文件才需要）。

实例：

htoglb ./gldf ./tables/svs_chao.svs ./hfile/h*

2. 制作 h 文件列表

语法：

ls ../glbf/h*.glx ＞ chao.gdl

.gdl 文件可以选择性地包含额外的参数，在每个 h 文件名后面包含数字和"＋"号，以指示重新加权和合并。

3. 运行 globk/glred

语法：

globk ＜crt＞ ＜print file＞ ＜log file＞ ＜gdl file＞ ＜globk command file＞

其中，＜crt＞＝6（屏幕输出）；＜print file＞globk/glred 的输出文件名（也可等于6，屏幕输出）；＜log file＞日志文件名设置（同样也可等于6，屏幕输出）；＜gdl file＞经 htoglb 运行后生成的二进制 h 文件列表；＜globk command file＞命令文件名。

实例：

```
globk 6 globk_chao.prt globk_chao.log chao.gdl globk_comb.cmd
```

glred 的使用方法与上述 globk 命令一样，并且命令文件也相同；对于一般用户而言，只需设置 globk/glred 的命令文件，程序会自动根据 org_cmd 设置，自动调用 glorg 命令进行约束平差。

第三节 时间序列重复性分析

GNSS 数据结果后处理的第一步通常是生成时间序列，使用 glred 从所有站点中来识别和删除异常值。对于全球分析，参考框架使用 glorg 的稳定列表，其中包括一组可靠的 IGS 站点。对于只包含几个 IGS 站的区域分析，获得最佳时间序列通常需要一个迭代过程。首先，使用 IGS 站点生成时间序列（使用 glred）来定义框架；然后，删除异常值，并执行组合解（globk），以获得所有站点的一致坐标集；最后，再次运行 glred，这一次使用 glorg 中所有稳定性的站点。此过程有效地定义了区域参考框架，无需选择单个参考站即可移除共模误差。

（1）对于使用全球和区域数据的分析，在 glbf/目录中下载 SOPAC 全球 h 文件（igs1、igs2、igs3…）。

```
sh_get_hfiles -yr 2017 -doy 010 -ndays 1 -net igs1 igs2 igs3
```

也可以自己手动从 ftp 下载：http://garner.ucsd.edu/pub/hfilesR14/2017/010/。完成后将所有 ASCII 的 h 文件转成二进制 h 文件，如下：

htoglb . ../tables/svs_chao.svs higs *a.*

（2）进入 gsoln/目录，制作.gdl 文件。

ls ../glbf/ *.glx >chao_glx.gdl

完成后可以对.gdl 文件进行编辑，形式如下：

../glbf/h1701101200_igs1.glx 1.0 +
../glbf/h1701101200_igs2.glx 1.0 +
../glbf/h1701101200_igs3.glx 1.0 +
../glbf/h1701101200_chao.glx 1.0

其中，数字（权重因子 1.0 可以省略）表示在解方案中估计和协方差矩阵的相对权重，并且前 3 个文件指定"＋"，将所有 4 个 h 文件连接在一起。有一个可选的附加值，可以包含在每一行上，以重新调整协方差矩阵的对角线项。

如果一天（或者一个测段内）有多个单日解（不同区域的）组，则可以在前面的 h 文件后添加"＋"符号，强制这一天所有的 h 文件解的参数相同，这样就可以将轨道和地球的方向参数以及所有的公共站点，从全球和区域的解方案联系起来。h 文件名后面的数字是文件的方差因子（相对权重）。

(3)gsoln/目录下运行 glred,生成时间序列。

语法和 globk 一样,如下:

glred <crt> <prt> <log> <input_list> <markov_file>

其中,crt = 6,表示屏幕输出,如果是 6 以外的其他数值,都将输出到一个文件中;

prt = globk_rep.prt,globk 的输出文件名,也可直接设置为 6,输出当前屏幕中;

log = globk_rep.log,日志文件名,同样可设置为 6,输出当前屏幕中;

input_list = gdl file(例如,chao_glx.gdl);

markov_file = globk_rep.cmd,命令文件的名字;

例如:

glred 6 globk_rep.prt globk_rep.log chao_glx.gdl globk_rep.cmd

其中 globk_rep.cmd 命令文件的设置代码如下。

```
* Globk command file for daily repeatabilities and combination
*
* Globk file for repeatabilities using glred with glorg stabilization
  make_svs ../tables/sat.apr
  com_file globk_rep.com
  srt_file globk_rep.srt
  sol_file globk_rep.sol
  eq_file ~/gg/tables/itrf08_comb.eq
*
* A priori station coordinates and Earth orientation table
  apr_file ../tables/itrf08_comb.apr
  in_pmu ~/gg/tables//pmu.bull_a
*
* Input data filter - chi2 and a.p. tolerances high to pass most data
  max_chii 50 10 2000.0
*
* Commands to estimate parameters
  apr_neu all 10 10 10 0 0 0
  apr_svs all 100 100 100 10 10 10 1 1 .02 .02 .02 .02 .02 .02 .02 .02 .02
  apr_wob 100 100 10 10
  apr_ut1 100 10
*
* Print options - minimal for globk since using glorg output
  prt_opt GDLF
```

```
* glorg command file, print options, and output file
  org_cmd  glorg_rep.cmd
  org_opt  BLEN CMDS PSUM
  org_out  globk_rep.org
```

使用此命令文件执行 glred 会生成松弛解(apr_neu 给予 10m 松约束),记录在 globk_rep.prt 中,并将调用 glorg 生成约束解,记录在 globk_rep.org 中。glorg 命令文件(glorg_rep.cmd)如下所示。

```
* Glorg command file for daily repeatabilities or combinations

* Parameters to be estimated
  pos_org   xtran ytran ztran xrot yrot zrot
#   or if translation-only
x pos_org xtran ytran ztran


* Downweight of height relative to horizontal(default is 10)
#   Heavy downweight if reference frame robust and heights suspect
x cnd_hgt   1000


* Controls for removing sites from the stabilization
#   Vary these to make the stabilization more robust or more precise
  stab_it 4 0.8 3.0
x stab_it 4 0.5 4.0


* A priori coordinates
#   ITRF2008 may be replaced by an apr file from a priori velocity solution
  apr_file ~/gg/tables/itrf08_comb.apr
x apr_file ../../tables/regional.apr


* List of stabilization sites
#   This should match the well-determined sites in the apr_file
  stab_site clear
  stab_site ulab irkt yakt nril artu pol2 kit3 sele hyde iisc ntus bako guam pimo tnml
aira daej shao wuhn kunm bjfs lhaz urum
x source ~/gg/tables/igb08_hierarchy.stab_site
x source ../../tables/regional_stab_site
```

在 glorg 命令文件中，已经指定了参考框架由 23 个 IGS 核心站点定义，但是在实际运用中可能因为某些站点位置偏差或由于数据不佳而被忽略了，在框架定义的时候同时估算平移和方向。

如果是一个小型的区域网络，并且希望通过 IGS 轨道和 IERS 地球定向值来维护参考框架的方向，而不引入全球 h 文件数据，glred 命令文件的相关参数设置代码如下。

```
* Commands to estimate parameters
  apr_neu all 20 20 20.0 0 0
  apr_svs all .1 .1 .1 .01 .01 .01 F F F F F F F F F
  apr_wob .25 .25 0 0 0 0 0
  apr_utl .25 0 0 0 0 0
*
* Print options
  prt_opt BLEN CMDS PSUM
```

小型网周边可能只有少数 IGS 站，这个时候运行 glorg 命令文件中的 stab_site 命令可能只包含 3~6 个具有很好先验坐标站点。如果只有少数稳定站点，并且 GNSS 观测网的空间尺度很小，那么应该只用 glorg 估计转换参数，代码如下。

```
* Estimate translation only
  pos_org xtran ytran ztran
```

检查运行后的结果一致性（日志文件中的卡方值和 glorg 稳定性的 rms），使用 grep 'Unc' 从 glorg 打印文件中提取坐标至完成最终的时间序列。

（4）从 glred 解文件.org 中绘制坐标的重复性，需要使用 GMT，执行以下命令。

```
sh_plot_pos -f globk_rep.org
```

或者

```
sh_plotcrd -f globk_rep.org
```

"sh_plot_pos"这个脚本调用 tssum 扫描解文件（globk_rep.org）的北、东、高，生成 PBO 风格的时间序列坐标 pos 文件，然后使用 GMT 绘制时间序列。如果是多年长时间数据，可以使用"-t1"和"-t2"指定开始和停止时间，并通过指定"-o 1"来删除趋势，更多详细说明参考脚本使用说明。另一种绘图方案在 2015 年后已被逐步取消，它将使用脚本 sh_plotcrd 调用 ensum 和 multibase，生成 mb_文件在 GMT 进行绘图。因为绘图脚本会创建大量文件（每个站点一个），所以可能希望将这些文件放到一个单独的目录中（例如 gsoln/plots）。使用 sh_plot_pos，可以自动执行"-d"选项；使用 sh_plotcrd，则需要手动创建/plots 目录，然后在该目录下执行脚本（例如 sh_plotcrd -f ../soln/globk_rep.org）。

绘制的时间序列图，可以查看是否存在异常值，比如图 6-4 中横轴 08 处存在明显的异常,此时就需要分析原因,进行改正并重新运行。如果因为数据质量差或者其他无法更正的原因,则可以在地震文件中使用 rename 命令删除该站此时的数据,代码如下。

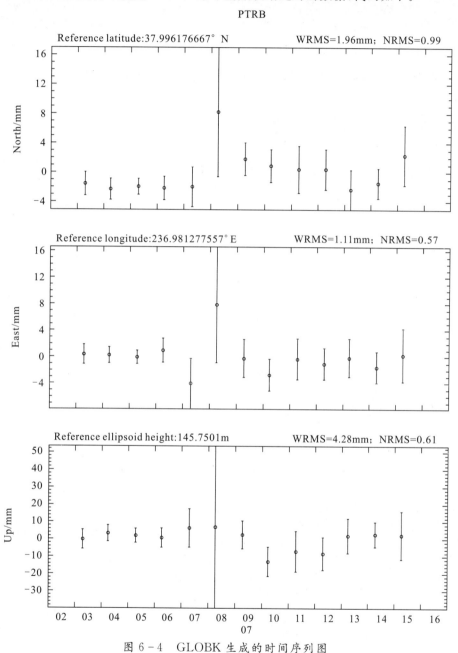

图 6-4 GLOBK 生成的时间序列图

rename <Orig site name> <New site name> [hfile code] [epoch range]

其中,<Orig site name>是原始二进制 h 文件中站点显示的名称;<New site name>新的测站名称;[hfile code]原始二进制 h 文件名;[epoch range]测站将被删除的时间范围。

例如:

```
rename PTRB PTRB_XPS 2014 07 07 18 00 2014 07 08 18 30
rename ABCD ABCD_XCL 2013 07 08 00 00
rename came_gps came_xcl h0112171200_adri.glx 01 12 17 0 0 01 12 17 24 0
```

"XPS"不会删除 glred 中的数据(因此在时间序列中仍然可见),但会从 globk 中删除数据(合并或速度解);"XCL"将从所有 glred 和 globk 运行中删除数据。

类似于 GAMIT 的批处理脚本,sh_gamit,glred 也有一个批处理的命令脚本 sh_glred,运用该脚本可以将上面所述的分步处理过程批量处理。

运行 sh_gamit 后可以得到单日解(h 文件,其中包含了松弛约束的参数估计及其协方差),然后在[expt]/gsoln/目录下编辑好重复性分析命令文件(globk_rep.cmd)和 glorg 命令文件(glorg_rep.cmd),可以运行下面语句,获得时间序列。

sh_glred -expt [expt] -s [start yr] [start_doy] [stop yr] [stop doy] -opt H GE T

其中,重点说明一下-opt 参数。

H:运行 htoglb,把文件转换为二进制文件。

G:运行 glred。

E:运行 ensum 并利用 sh_baseline 绘图(也就是 sh_plotcrd 绘图命令)。

T:运行 tssum 并利用 sh_plot_pos 绘图。

第四节 多年解求取速度值

得到多年数据解最好的方法是首先将每日单个 h 文件合并到一个 h 文件中,需要利用 GLOBK 的另一个功能——合并多日解。要组合每日单个 h 文件的数据,可以使用上一节中描述的命令文件运行 globk,但是需要添加一个指定输出文件名命令,同时输出命令,代码如下。

```
* apr_svs all 100 100 100 10 10 10 1 1.02.02.02.02.02.02.02.02.02

# Invoke glorg for stabilization
* Print options - minimal for globk since using glorg output
  prt_opt GDLF
* glorg command file, print options, and output file
* org_cmd glorg_rep.cmd
* org_opt BLEN CMDS PSUM
* org_out globk_rep.org
# Write out an h file if needed for future combinations
  out_glb NEPAL15.GLX
```

若不调用 glorg,将输出一个松弛约束解。合并的文件名用大写的字母不是必需的,但是一种常用的约定。

另一个值得注意的地方,通过注释 apr_svs 行来抑制轨道参数。由于轨道信息已被纳入测站坐标估计和协方差中,因此没有理由将其推进到多年解中(GLOBK 的未来版本可能允许使用,然后在接下来的运行中抑制轨道参数,从而避免这一额外步骤)。

要获得多年解求取速度值,.gdl 文件将只包含组合文件:

NEPAL14.GLX

NEPAL15.GLX

NEPAL16.GLX

...

为了获得速度,需要用 apr_neu 行指定速度和坐标估计设置。

apr_neu all 20 20 20 1 1 1

除了必须限制速度和位置之外,可以用相同的方式指定地球方向和先验坐标。在 globk 命令文件集中输出参数设置。

org_opt BRAT CMDS PSUM VSUM

如果想直接查看测网中各站点之间的相对速度值及其精度,则需要 glorg 的 BRAT 打印选项。

在 glorg 命令文件中,需要指定位置和速度稳定的参数。

pos_org xrot yrot zrot xtran ytran ztran

rate_org xrot yrot zrot xtran ytran ztran

运行 globk 获得速度估计值:

globk 6 globk_vel.prt globk_vel.log fjxm_vel.gdl globk_vel.cmd

完整的命令文件 globk_vel.cmd 设置如下。

```
* GLOBK command file to generate daily time series and to combine
* h-files over 2 to 30 days.

* For combination, set COMB as a globk command-line option to
* invoke the saving of the output h-file

* Last edited by rwk 130701

* << column 1 must be blank if not comment >>

* This group of commands must appear before any others:
 srt_file @.srt
 srt_dir +1
```

```
  eq_file ~/gg/tables/itrf08_comb.eq
# Optionally add a second eq_file for analysis-specific renames
* End commands that must appear first


* ITRF2008 augmented by now-defunct sites and recent IGS solutions;
# matched to itrf08_comb.eq
  apr_file ~/gg/tables/itrf08_comb.apr
# Optionally add additional apr files for other sites
x ../tables/apr_file regional .apr


* Set maximum chi2,prefit coordinate difference(m),and rotation(mas) for an h file to be used;
  max_chii 30 50 2000
# increase tolerances to include all files for diagnostics
x   max_chi   100   5.0 20000


# Not necessary unless combining h files with different a priori EOP
  in_pmu ../tables/pmu.usno


* Invoke glorg
  org_cmd glorg_comb.cmd


* Print file options
x crt_opt NOPR
  prt_opt GDLF CMDS
  org_opt PSUM CMDS GDLF VSUM
# sh_glred will name the glorg print files
  org_out globk_vel.org


* Coordinate parameters to be estimated and a priori constraints
  apr_neu all 10 10 10 1 1 1
* apr_svs all 100 100 100 10 10 10 1 1.02.02.02.02.02.02.02.02.02
* Rotation parameters to be estimated and a priori constraints
  apr_wob   100 100 10 10 0 0 0 0
  apr_ut1   100 10 0 0 0 0
```

```
# If combining with global h-files, allow EOPS to change
# between days
x mar_wob 3650 3650 365 365
x mar_ut1 365   365
# EOP tight if translation-only stabilization in glorg
x apr_wob .25 .25 .1 .1
x apr ut1 .25 .1
  apr_tran .005 .005 .005 0 0 0
  mar_tran .0025 .0025 .0025 0 0 0


* Write out a combined H-file
# Can substitute your analysis name for 'COMB' in the file name below
* out_glb   NEPAL15.GLX


* Optionally put a uselist and/or sig_neu and mar_neu reweight in a source file
x   source ../tables/uselist
x   source ../tables/daily_reweights


* Turn off quake log estimates if in the eq_file
  free_log -1


* Remove scratch files for repeatability runs
  del_scra yes


* Correct the pole tide when not compatible with GAMIT
  app_ptid all


* When using MIT GLX files which have satellite phase center positions
* estimated use:
  apr_svan all   F F F     ! Fix antenna offset to IGS apriori values.
```

使用此命令文件执行 globk 会生成松弛解（apr_neu 赋予测站位置 10m，速度 1m/yr 的约束），并将调用 glorg 生成约束解，记录在 globk_vel.org 中，glorg 命令文件（glorg_vel.cmd）代码如下所示。

* Glorg command file for daily repeatabilities or combinations

* Last edited by rwk 130701

* Parameters to be estimated
  pos_org xrot yrot zrot xtran ytran ztran
  rate_org xrot yrot zrot xtran ytran ztran
or if translation-only
x pos_org xtran ytran ztran

* Downweight of height relative to horizontal(default is 10)
#   Heavy downweight if reference frame robust and heights suspect
x   cnd_hgt   1000

* Controls for removing sites from the stabilization
#   Vary these to make the stabilization more robust or more precise
  stab_it 4 0.8 3.0
x stab_it 4 0.5 4.0

* A priori coordinates
#   ITRF2008 may be replaced by an apr file from a priori velocity solution
  apr_file ~/gg/tables/itrf08_comb.apr
x apr_file ../../tables/regional.apr

* List of stabilization sites
#   This should match the well-determined sites in the apr_file
  stab_site clear
  stab_site ulab irkt yakt nril artu pol2 kit3 sele hyde iisc ntus bako guam pimo tnml aira daej shao wuhn kunm bjfs lhaz urum
x source ~/gg/tables/igb08_heirarchy_stab_site
x source ../../tables/regional_stab_site

执行 globk 命令，生成速度结果文件（如 globk_vel.org），即可创建速度图，执行下面代码。

sh_plotvel -f globk_vel.org -maxsigma 5

其中，maxsigma 给出了最大的不确定性，以 mm 为单位。sh_plotvel 的详细使用可以参考用户手册。也可以手动提取速度场文件,用 GMT 自行绘制速度场图。

利用脚本 sh_exglk 提取速度场文件并利用 cvframe 转换成欧亚速度场。代码如下:

```
sh_exglk -f globk_vel.org -vel fjxm.vel
cvframe fjxm.vel fjxm_oy.vel ITRF08 EURA
```

速度场的求取示例结果如图 6-5 所示。

118.20817	25.07626	29.46	−12.60	29.46	−12.60	0.13	0.10	−0.046	4.58	4.58	0.48 DZAX_GPS
117.52095	25.01275	28.44	−12.92	28.44	−12.92	0.14	0.11	−0.024	7.32	7.32	0.52 DZHU_GPS
118.59054	24.54617	29.40	−12.27	29.40	−12.27	0.13	0.10	−0.072	4.58	4.58	0.45 DZJJ_GPS
118.07167	24.26689	29.05	−12.55	29.05	−12.55	0.14	0.11	−0.061	5.48	5.48	0.49 DZLH_GPS
118.14350	24.75798	28.10	−10.46	28.10	−10.46	0.15	0.13	−0.083	5.15	5.15	0.57 DZTA_GPS
117.63368	24.46701	28.75	−11.07	28.75	−11.07	0.24	0.19	−0.154	5.39	5.39	0.91 DZZZ_GPS
118.32051	24.55362	29.26	−11.95	29.26	−11.95	0.14	0.11	−0.065	3.37	3.37	0.47 XMDD_GPS
117.92835	24.56052	26.22	−8.33	26.22	−8.33	0.14	0.11	−0.056	1.29	1.29	0.48 XMDF_GPS
118.30134	24.77396	29.58	−12.78	29.58	−12.78	0.13	0.10	−0.065	5.11	5.11	0.47 XMDM_GPS
118.09830	24.58779	30.20	−13.01	30.20	−13.01	0.14	0.11	−0.058	3.83	3.83	0.48 XMJM_GPS
117.98921	24.84863	29.55	−12.66	29.55	−12.66	0.14	0.11	−0.061	3.44	3.44	0.51 XMJY_GPS
118.11195	24.43685	28.77	−12.84	28.77	−12.84	0.14	0.11	−0.060	4.87	4.87	0.50 XMZC_GPS

* CVFRAME: Vel file fjxm.vel rotated from ITRF08   to EURA

* Rotation Pole   −0.056210   −0.137220   0.180650 deg/Myr

* Long.	Lat.	E&N Rate		E&N Adj.		E&N	+−	RHO	H Rate	H adj.	+− SITE
* (deg)	(deg)	(mm/yr)		(mm/yr)		(mm/yr)			(mm/yr)		
118.20817	25.07626	6.81	0.13	29.46	−12.60	0.13	0.10	−0.046	4.58	4.58	0.48 DZAX_GPS
117.52095	25.01275	5.73	−0.32	28.44	−12.92	0.14	0.11	−0.024	7.32	7.32	0.52 DZHU_GPS
118.59054	24.54617	6.80	0.53	29.40	−12.27	0.13	0.10	−0.072	4.58	4.58	0.45 DZJJ_GPS
118.07167	24.26689	6.40	0.15	29.05	−12.55	0.14	0.11	−0.061	5.48	5.48	0.49 DZLH_GPS
118.14350	24.75798	5.45	2.26	28.10	−10.46	0.15	0.13	−0.083	5.15	5.15	0.57 DZTA_GPS
117.63368	24.46701	6.06	1.55	28.75	−11.07	0.24	0.19	−0.154	5.39	5.39	0.91 DZZZ_GPS
118.32051	24.55362	6.63	0.80	29.26	−11.95	0.14	0.11	−0.065	3.37	3.37	0.47 XMDD_GPS
117.92835	24.56052	3.55	4.35	26.22	−8.33	0.14	0.11	−0.056	1.29	1.29	0.48 XMDF_GPS
118.30134	24.77396	6.94	−0.04	29.58	−12.78	0.13	0.10	−0.065	5.11	5.11	0.47 XMDM_GPS
118.09830	24.58779	7.55	−0.30	30.20	−13.01	0.14	0.11	−0.058	3.83	3.83	0.48 XMJM_GPS
117.98921	24.84863	6.88	0.03	29.55	−12.66	0.14	0.11	−0.061	3.44	3.44	0.51 XMJY_GPS
118.11195	24.43685	6.12	−0.13	28.77	−12.84	0.14	0.11	−0.060	4.87	4.87	0.50 XMZC_GPS

图 6-5 速度场的求取示例结果

注:分割线上面的是 itrf08 框架速度场,下面是欧亚块体内速度场。

第七章　GNSS 时间序列分析

对于 GNSS 时间序列分析,通常需要考虑长期的周期运动、同震变形以及震后变形。GNSS 单站、单分量坐标序列一般用下列非线性模型来表示:

$$y(t_i) = a + bt_i + c\sin(2\pi t_i) + d\cos(2\pi t_i) + e\sin(4\pi t_i) + f\cos(4\pi t_i)$$
$$+ \sum_{j=1}^{nh} g_j H(t_i - T_{eq}) + \sum_{j=1}^{nk} h_j H(t_i - T_{post}) t_i +$$
$$+ \sum_{j=1}^{ng} k_j \exp(-(t_i - T_{post})/\tau_j) H(t_i - T_{post}) + v_i \tag{7-1}$$

上式中,$t_i(i=1\cdots N)$ 表示观测时间,单位为年;系数 a、b 分别表示测站时间序列起始位置和速度;系数 c、d 表示测站周年项运动,系数 e、f 表示半周年运动;$H(*)$ 表示阶跃函数;系数 g_j 表示地震发生时刻 T_{eq} 发生的突变值,n_g 表示有 n 个地震发生(n_h、n_k 是一样的含义);h_j 表示地震发生之后,测站速度的变化率;k_j 表示在震后 T_{post} 时刻松弛或者滑移位移大小;τ_j 表示测站震后松弛时间常数;v_i 表示测量误差,其一般假定为与时间无关,也就是期望值 $E(v_i)=0$。

对于某一特定的地震(比如尼泊尔地震),发生时刻和震后时间是已知的,也就是上式中 T_{eq}、T_{post} 已知,$n_g=n_h=n_k=1$。测站震后松弛时间常数 τ_j 的最佳值可以利用模型不拟合度最小来确定,如图 7-1 所示,试验时间从 10~210 天,每次增量 1 天,震后松弛时间常数最佳估值确定是 80 天,因此确定 $\tau_j=80$;式(7-1)可以利用最小二乘估计求解各个参数的最佳估值。将上式写成矩阵形式,如下:

$$y = Bx + \in \tag{7-2}$$

其中,
$y = [y_1, y_2, \cdots, y_n]^T$

$$B = \begin{bmatrix} 1 & t_1 & \sin(2\pi t_1) & \cos(2\pi t_1) & \sin(4\pi t_1) & \cos(4\pi t_1) & H(t_1-T_{eq}) & H(t_1-T_{post})t_1 & \exp(-(t_1-T_{post})/\tau)H(t_1-T_{post}) \\ 1 & t_2 & \sin(2\pi t_2) & \cos(2\pi t_2) & \sin(4\pi t_2) & \cos(4\pi t_2) & H(t_2-T_{eq}) & H(t_2-T_{post})t_2 & \exp(-(t_2-T_{post})/\tau)H(t_2-T_{post}) \\ \vdots & \vdots & \vdots & \vdots & \vdots & \vdots & \vdots & \vdots & \vdots \\ 1 & t_n & \sin(2\pi t_n) & \cos(2\pi t_n) & \sin(4\pi t_n) & \cos(4\pi t_n) & H(t_n-T_{eq}) & H(t_n-T_{post})t_n & \exp(-(t_n-T_{post})/\tau)H(t_n-T_{post}) \end{bmatrix}$$

$x = [a, b, c, d, e, f, g, h, k]^T$
$\in = [v_1, v_2, \cdots, v_n]^T$

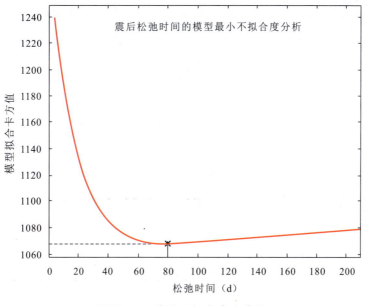

图 7-1 模型不拟合度曲线图

构建平差误差方程与随机模型如下：

$$\begin{cases} V = B\hat{x} - y \\ D = \sigma_0^2 Q = \sigma_0^2 P^{-1} \end{cases} \quad (7-3)$$

按最小二乘原理，式(7-3)中的 $\hat{x}$ 必须满足 $V^{\mathrm{T}}PV$ 最小，并且认为上述 9 个待估参数 (a,b,c,d,e,f,g,h,k) 为独立量，故按求函数自由极值的方法，得

$$\frac{\partial V^{\mathrm{T}}PV}{\partial \hat{x}} = 2V^{\mathrm{T}}P\frac{\partial V}{\partial \hat{x}} = V^{\mathrm{T}}PB = 0 \quad (7-4)$$

转置后可得

$$B^{\mathrm{T}}PV = 0 \quad (7-5)$$

将误差方程式(7-3)带入式(7-5)中，可得

$$B^{\mathrm{T}}P(B\hat{x} - y) = B^{\mathrm{T}}PB\hat{x} - B^{\mathrm{T}}Py = 0 \quad (7-6)$$

$$\hat{x} = (B^{\mathrm{T}}PB)^{-1}B^{\mathrm{T}}Py \quad (7-7)$$

如果 GNSS 测站不存在阶跃项和震后项，那么测站时间序列只有速度项和周期项，如图 7-2 所示。MATLAB 代码如下。

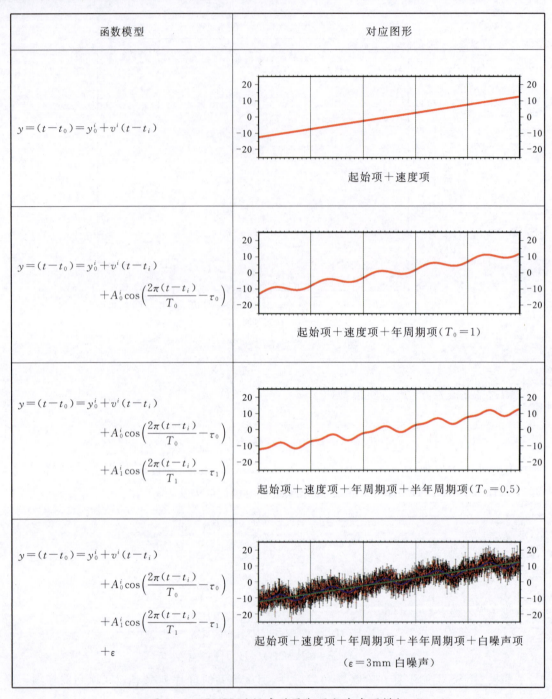

图 7-2 GNSS 时间序列周期项和速度项模拟

```
function [fit_ts G] = timeseries_fit(times, obs_ts, obs_sig, disps)
% fit deformation timeseries with a linear, seasonal functions (plus a possible disps
term).
% d = a + b*t + c*cos(2*pi*t) + d*sin(2*pi*t) + e*cos(4*pi*t) + f*sin(4*
pi*t) (+g)
% "disps" determine if g exist or not.

if ( nargin < 4 )
    disps = [];
end

% assign some parameters
fit_ts = struct('parval', [], 'parcov', [], 'predict', [], 'resids', [], ...
    'chi2', [], 'dof', [], 'chi2dof', [], 'model_pre', [], 'model_time', [], ...
    'wrms', [], 'reduced_chi2', []);

nt = length(times);

obs_SIG2 = obs_sig .^2;
obs_W    = sparse(1:nt, 1:nt, 1./obs_SIG2);

if ( isnan(disps) )

    np = 6;

    % deal with multiple

    % fit timeseries
    G         = zeros(nt, np);
    G(:,1:2) = [ ones(size(times)) times ];
    G(:,3:4) = [ cos(2*pi*times) sin(2*pi*times) ];
    G(:,5:6) = [ cos(4*pi*times) sin(4*pi*times) ];

else
```

```matlab
        np = 6 + length(disps);

        G         = zeros(nt, np);
        G(:, 1:2) = [ ones(size(times)) times ];
        G(:, 3:4) = [ cos(2 * pi * times) sin(2 * pi * times) ];
        G(:, 5:6) = [ cos(4 * pi * times) sin(4 * pi * times) ];

        for i = 1:length(disps)
            G(:, 6+i) =   heaviside(times - disps(i) - 0.000001);
        end
end
%使用 A\b 代替 inv(A) * b
fit_ts.parval = (G' * obs_W * G)\(G' * obs_W * obs_ts);
fit_ts.parcov = inv(G' * obs_W * G);%参数的协因素矩阵

fit_ts.predict = G * fit_ts.parval;
fit_ts.resids  = obs_ts - fit_ts.predict;%V
fit_ts.chi2    = fit_ts.resids' * obs_W * fit_ts.resids;%VTPV
fit_ts.dof     = length(obs_ts) - size(G,2);%多余观测数 n-t
fit_ts.chi2dof = fit_ts.chi2/fit_ts.dof;%单位权方差(即,中误差的平方)VTPV/(n-t)

fit_ts.wrms        = sqrt(fit_ts.chi2/sum(obs_W(:)));
fit_ts.reduced_chi2 = fit_ts.chi2dof;

fit_ts.parcov  = fit_ts.parcov * fit_ts.chi2dof;%协方差矩阵(即,中误差的平方)平差理论公式

% Caculate the amplitude
fit_ts.annual_amp = sqrt(fit_ts.parval(3)^2 + fit_ts.parval(4)^2);

% calculate predicted timeseries
t1       = times(1)  ;
t2       = times(end);
sam_num  = 365 * (t2-t1);
```

```
modeltimes    = linspace(t1, t2, sam_num)';
nt_model      = length(modeltimes);

G_m           = zeros(nt_model, np);

if ( isnan(disps) )
    G_m(:, 1:2) = [ ones(size(modeltimes)) modeltimes ];
    G_m(:, 3:4) = [ cos(2 * pi * modeltimes) sin(2 * pi * modeltimes) ];
    G_m(:, 5:6) = [ cos(4 * pi * modeltimes) sin(4 * pi * modeltimes) ];
else
    G_m(:, 1:2) = [ ones(size(modeltimes)) modeltimes ];
    G_m(:, 3:4) = [ cos(2 * pi * modeltimes) sin(2 * pi * modeltimes) ];
    G_m(:, 5:6) = [ cos(4 * pi * modeltimes) sin(4 * pi * modeltimes) ];
    for i = 1:length(disps)
        G_m(:, 6+i) =  heaviside(modeltimes - disps(i)) ;
    end
end

fit_ts.model_pre  = G_m * fit_ts.parval;
fit_ts.model_time = modeltimes;
```

能进行模型化并利用最小二乘估计每个参数的前提条件是噪声模型为白噪声,但GNSS连续时间序列是否一定符合白噪声呢？如果不是白噪声,如何求解各个参数估计呢？

对 GNSS 时间序列进行噪声分析主要有两个目的。

(1)估计合理的误差,由于 GNSS 时间序列中含有与时间相关的噪声,因此以高斯分布为基础的最小二乘所估计的速度场误差将会被低估。

(2)了解不同建站形式对时间序列的影响(图 7-3 展示了不同的测点建站形式)。

图 7-3 不同建站方式

a. 深锚式;b. 水泥墩式;c. 地表埋石式;d. 稳定岩石钻孔式

对GNSS连续观测时间序列噪声分析的研究主要有时频分析和空域滤波两种方法。时频分析用来确定时间序列在时间域的特征。方法有功率谱分析和最大似然估计；空间域方面主要采用区域叠加滤波和主成分变换方法分析共模误差（Common Mode Error，CME）。

时间序列的噪声来源有3种可能：①季节性的降雨造成土壤膨胀收缩，进而使测站点位不稳定；②GNSS资料求解时引入了不正确或者不完善的卫星轨道模型、大气模型；③天线相位中心的校正不准确等。

对GNSS时间序列进行噪声分析主要有两个目的。第一个目的为合理估计GNSS误差。若GNSS时间序列中含有与时间相关的噪声，则以高斯分布为基础的最小二乘所估计的速度场误差将会被低估，Mao等（1999）的研究就提出可能会低估了5~11倍的速度误差，Williams在2004年提出了利用幂律噪声的非整数频谱指数振幅量简易估计时间序列的合理不确定性，以防止不确定性被低估的问题。第二个目的为了解点位形式对时间序列的影响。一般来说，天线墩应建在基岩之上，然而当地表为较厚的沉积层时，这是不现实的。尼泊尔境内的GNSS连续观测站采用了深锚式天线墩，这种形式的墩子在很大程度上减少了周期性成分和有色噪声出现的概率。然而不同点位形式的GNSS站所耗费的经费差距很大，例如深锚式的GNSS站所需要的经费就远大于水泥天线墩。GNSS站有多种类型（图7-3），基于功率谱分析法研究采集的数据是否具有相同的噪声类型，为噪声模型估计参数提供依据。

第一节 基于CATS分析时间序列噪声

CATS分析时间序列噪声往往先选中几类噪声模型：白噪声（WN）、白噪声+闪烁噪声（FL）、白噪声+随机游走噪声（RW）等，然后利用软件分别求解不同噪声模型对应的极大似然值，统计所有数值中最大那个值所对应的噪声即为最佳噪声模型。

CATS软件计算包含两个程序：①线性部分使用最小二乘，利用式（7-1）计算截距、斜率、偏移以及周期信号的振幅；②非线性部分则利用线性计算后的残差求得特定噪声模型的参数及振幅大小。

当模型中不只一种噪声模型时，两个噪声振幅 σ_1 和 σ_2，将振幅用角度 φ 和一个比例常数 r 表示：

$$\sigma_1 = r\cos\varphi$$
$$\sigma_2 = r\sin\varphi \tag{7-8}$$

而协方差矩阵可以表示成：

$$D = r^2[\cos^2(\varphi)J_1 + \sin^2(\varphi)J_2] \tag{7-9}$$

代入式（7-8），此时就可以简单地运用角度 φ 计算噪声振幅了。

目前研究大多利用极大似然估计方法（Maximum Likelihood Estimation，MLE）来估计时间序列的噪声特性。

$$\mathrm{MLE} = \ln[\mathrm{lik}(V,D)] = -\frac{1}{2}[\ln(\det D) + V^{\mathrm{T}}D^{-1}V + N\ln(2\pi)] \quad (7-10)$$

式中，N 为时间序列的长度，V 为利用加权最小二乘求得的残差。相应的 $\hat{x}$ 如下：

$$\hat{x} = (B^{\mathrm{T}}D^{-1}B)^{-1}B^{\mathrm{T}}D^{-1}y \quad (7-11)$$

可以发现，式(7-10)中的 V 与 D 存在嵌套关系。如何求解式(7-10)，获得最优的 D，是极大似然估计法的关键问题。前人研究多采用下山单纯形法，进行蒙特卡洛搜索。

基于 MLE 方法估计噪声特性，已有不少可用软件，较为出色的有 3 个：①美国地质勘探局(United States Geological Survey,简称 USGS)的 John Langbein 编写的 est_noise 程序；②英国国家海洋学中心(National Oceanography Centre)的 Simon D.P. Williams 研发的 CATS 软件；③波尔图大学(Universidade do Porto)的 Machiel Simon Bos 研发的 Hector 软件包，Hector 是用 C++从头开始编写的，比 est_noise 和 CATS 拥有更快的计算速度。本书采用 CATS 软件进行时间序列噪声分析。

CATS 软件也是以命令行进行参数计算，数据输入以文件形式，具体的格式与说明参考安装目录下的用户手册。下面利用 CATS 软件对现有的安装目录下 examples 文件夹中的时间序列数据 penc.neu 进行分析，对输出结果文件进行说明。

在终端进入到 examples 窗口下面，输入命令行：

cats --verbose --sinusoid 1y1 --model wh --model pl:k-1 --output result.wh_fn penc.neu

```
Cats Version:3.1.2
Cats command:cats --verbose --sinusoid 1y1 --model wh --model pl:k-1 --output result.wh_fn vyas.neu
Data from file:penc.neu
cats:running on chaoshu-emachines-D725
Linux release 3.2.0-24-generic-pae(version #37-Ubuntu SMP Wed Apr 25 10:47:59 UTC 2012) on i686
userid:root
```

Sampling frequency 1.17366e-05(Hz),0.99 days
Number of samples 1 period apart=565 of 587
Number of points in full series = 612
Number of series to process:3
Start Time:Thu Jun 19 11:02:11 2014

+NORT   WHITE NOISE
+NORT   WH   :   IS FREE

+NORT   POWER LAW NOISE
+NORT   INDEX   :   -1.0000
+NORT   PL   :   IS FREE

Time taken to create covariance matrix:0.220000 seconds
Time taken to compute eigen value and vectors:1.45 seconds
wh_only=1.11883770(-900.3626),cn_only=5.04865311(-919.7013)
Starting a one-dimensional minimisation:initial angle 45.00
Angle=45.000000 mle=-882.81727964 radius =   1.469309 wh =   1.038959 cn
=   1.038959
Next choice of angle=27.811530
angle=27.811530 mle=-875.54996552 radius =   2.035935 wh =   0.949895 cn
=   1.800758
Next choice of angle=17.188471
angle=17.188471 mle=-879.63788277 radius =   2.811161 wh =   0.830743 cn
=   2.685609
Next choice of angle=29.125854
angle=29.125854 mle=-875.74824473 radius =   1.971295 wh =   0.959487 cn
=   1.722030
Next choice of angle=26.787753
angle=26.787753 mle=-875.46940348 radius =   2.089921 wh =   0.941900 cn
=   1.865636
Next choice of angle=23.121154
angle=23.121154 mle=-875.83936322 radius =   2.313834 wh =   0.908589 cn
=   2.127979
Next choice of angle=26.024945
angle=26.024945 mle=-875.45627772 radius =   2.132386 wh =   0.935611 cn
=   1.916169
Next choice of angle=26.156348
angle=26.156348 mle=-875.45551426 radius =   2.124929 wh =   0.936716 cn
=   1.907324
Next choice of angle=26.170336
angle=26.170336 mle=-875.45550874 radius =   2.124139 wh =   0.936833 cn
=   1.906386
Next choice of angle=26.168640
angle=26.168640 mle=-875.45550864 radius =   2.124234 wh =   0.936819 cn
=   1.906500

Next choice of angle=26.168902
angle=26.168902 mle=−875.45550864 radius = 2.124220 wh = 0.936821 cn = 1.906483
Next choice of angle=26.168378
angle=26.168378 mle=−875.45550864 radius = 2.124249 wh = 0.936816 cn = 1.906518

Finished:

Angle=45.000000 mle=−882.81727964 wh = 1.038959 cn = 1.038959
Angle=27.811530 mle=−875.54996552 wh = 0.949895 cn = 1.800758
Angle=17.188471 mle=−879.63788277 wh = 0.830743 cn = 2.685609
Angle=29.125854 mle=−875.74824473 wh = 0.959487 cn = 1.722030
Angle=26.787753 mle=−875.46940348 wh = 0.941900 cn = 1.865636
Angle=23.121154 mle=−875.83936322 wh = 0.908589 cn = 2.127979
Angle=26.024945 mle=−875.45627772 wh = 0.935611 cn = 1.916169
Angle=26.156348 mle=−875.45551426 wh = 0.936716 cn = 1.907324
Angle=26.170336 mle=−875.45550874 wh = 0.936833 cn = 1.906386
Angle=26.168640 mle=−875.45550864 wh = 0.936819 cn = 1.906500
Angle=26.168902 mle=−875.45550864 wh = 0.936821 cn = 1.906483
Angle=26.168378 mle=−875.45550864 wh = 0.936816 cn = 1.906518

+NORT   MLE   :   −875.455509
+NORT   INTER   :   −33.1416 +−   0.5810
+NORT   SLOPE   :   16.3000 +−   0.4924
+NORT   SIN   :   −0.2777 +−   0.2092
+NORT   COS   :   0.0258 +−   0.2205
+NORT   SIN   :   0.0595 +−   0.1518
+NORT   COS   :   −0.2153 +−   0.1472
+NORT   OFFSET: 3.0647 +−   0.4352
+NORT   WHITE NOISE
+NORT   WH   :   0.9368 +−   0.0411

+NORT   POWER LAW NOISE
+NORT   INDEX   :   −1.0000
+NORT   PL   :   1.9065 +−   0.2525

第二节　基于 MATLAB 分析 GNSS 时间序列噪声分析

MATLAB 是 matrix 和 laboratory 两个词的组合,意为矩阵工厂(矩阵实验室),是由美国 mathworks 公司发布的主要面对科学计算、可视化以及交互式程序设计的高科技计算环境。它将数值分析、矩阵计算、科学数据可视化以及非线性动态系统的建模和仿真等诸多强大功能集成在一个易于使用的视窗环境中,为科学研究、工程设计以及必须进行有效数值计算的众多科学领域提供了一种全面的解决方案,并在很大程度上摆脱了传统非交互式程序设计语言(如 C、Fortran)的编辑模式,代表了当今国际科学计算软件的先进水平。

利用 MATLAB 的简易语法以及强大的绘图能力,能够对时间序列进行有效分析并图形化展示结果。相比 CATS 能方便快速获得噪声分析结果,而 MATLAB 编程实现噪声分析,能加强对理论部分的理解,并且两者实现方法也不同,可以相互验证。

一、功率谱分析

如果误差为随机过程,可以由大量观测资料消减其影响,但如果误差和时间相关,则很难用增加大量观测资料的方法消减其影响。一般认为 GNSS 信号中的噪声时间序列可以视为一种幂次法则,可以利用功率谱过程来描述:

$$P_x(f) = P_0 \left(\frac{f}{f_0}\right)^k \tag{7-12}$$

其中,f 是时间频率(temporal frequency);P_0 和 f_0 是正则化常数;k 是谱指数(spectral index),通常介于 -3 到 1 之间,当 $-3 < k < -1$ 称为经典的布朗模型(classical Brownian motion),当 $-1 < k < 1$ 称为分式白噪声(fractional white noise),其中整数 k 代表一些特殊的噪声类型:$k=0$ 时是标准的白噪声(White Noise,WN),$k=-1$ 时是标准的闪烁噪声(Flicker Noise,FN),而 $k=-2$ 时则是标准的随机游走噪声(Random Walk Noise,RWN)。另外,除了标准的白噪声以外,其余的部分统称为有色噪声。功率分析具体实现代码如下。

```
function [a,Pf,f]=Power_spectrum_analysis(t,st)
%This is a function using the FFT function to caculate a signal's Fourier Translation
%Input is the time and the signal vectors ,the length of time must greater than 2
%Output is the frequency and the signal spectrum
t1=t(1);t2=t(end);
N=length(st);
Fs=N/(t2-t1);
window=boxcar(N);%矩形窗
```

```
[Pf,f]=periodogram(st,window,N,Fs);%直接法

%lnP(f)= lnP0 - alnf
%求解谱指数 k 和 Po

n=length(Pf);
m=length(f);
if n==m
    log_Pf=log(Pf);
    log_f=log(f);
    for i=1:n-1
        B(i,1)=1;
        B(i,2)=(log_f(i+1));
        L(i)=(log_Pf(i+1));
    end
    %使用 A\b 代替 inv(A)*b
    a=(B'*B)\B'*L';
end
```

图 7-4(a)三分量功率谱图两条竖线分别对应周年项和半周年项,斜线斜率表示功率谱指数;图 7-4(b)表示研究区域 GNSS 站点的噪声类型统计图,横坐标谱指数 -2、-1 和 0 分别对应随机游走噪声(RW)、闪烁噪声(FN)和白噪声(WN),纵坐标代表测站个数。可以直观地看到,谱指数绝大多数位于 -1 到 0 之间,这表明多数站点是既有闪烁噪声也有白噪声特性,因此选定最佳的噪声类型为

$$D = \sigma_w^2 Q_w + \sigma_f^2 Q_f \tag{7-13}$$

确定噪声模型以后需要基于此模型进行参数估计。因为上述下山单纯形法的数学模型不易理解,所以本书采取了数学模型更为清晰、能定量估计各分量噪声大小的方差分量估计法(Variance Component Estimation,VCE)求解。

二、方差分量估计

20 世纪 90 年代末开始对 GNSS 时间序列的噪声特性分析进行大量的研究,结果表明各站的 GNSS 残差序列在空间和时间上不完全独立,除了白噪声还有明显的幂律噪声成分。GNSS 残差序列的幂律噪声成分主要是闪烁噪声或随机游走噪声。

因此,在构建平差模型时,随机模型应该表示为

$$\begin{cases} V = B\hat{x} - y \\ D = \sigma_w^2 Q_w + \sigma_f^2 Q_f + \sigma_{rw}^2 Q_{rw} \end{cases} \tag{7-14}$$

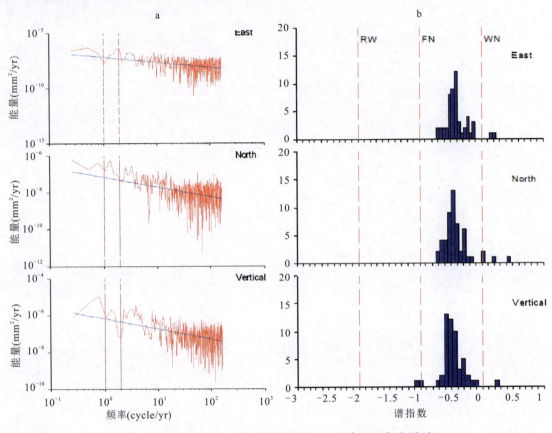

图 7-4 GNSS 站三分量功率谱图(a)和谱指数直方图(b)

式(7-14)中,σ_w^2,σ_f^2 和 σ_{rw}^2 分别表示白噪声、闪烁噪声和随机游走噪声的方差;Q_w,Q_f 和 Q_{rw} 分别表示白噪声、闪烁噪声和随机游走噪声协因数矩阵;根据 Williams(2008)各类噪声的协方差阵可表示成转换矩阵 $S(k)$ 与其转置的乘积,转换矩阵通常可以表示为

$$S(k) = \Delta T^{-k/4} \begin{bmatrix} \varphi_0 & 0 & 0 & \cdots & 0 \\ \varphi_1 & \varphi_0 & 0 & \cdots & 0 \\ \varphi_2 & \varphi_1 & \varphi_0 & \cdots & 0 \\ \vdots & \vdots & \vdots & \ddots & \vdots \\ \varphi_{n-1} & \varphi_{n-2} & \varphi_{n-3} & \cdots & \varphi_n \end{bmatrix} \quad (7-15)$$

转换矩阵中 ΔT 为采样间隔(GNSS 时间序列日解,时间单位为 1 天),其中

$$\varphi_n = \frac{-\frac{k}{2}\left(1-\frac{k}{2}\right)\cdots\left(n-1-\frac{k}{2}\right)}{n!}, n \geqslant 0, (\varphi_0=1, n=0) \quad (7-16)$$

(1)$k=0$ 为白噪声,白噪声与时间无关,对应的转换矩阵:

$$S(k=0) = \begin{bmatrix} 1 & & \\ & \ddots & \\ & & 1 \end{bmatrix}, Q_w = S(k=0)S(k=0)^T = I_n \quad (7-17)$$

(2) $k=-1$ 为闪烁噪声,按照转换的形式,闪烁噪声协因数阵形式复杂,因为绝大多数的空间大地测量时间序列维数小于 2^{22},即 $|i-j|\ll 2^{22}$,所以可以用其简单形式:

$$q_{ij}^{f} = \begin{cases} \left(\dfrac{3}{4}\right)^2 \times 2 & i=j \\ \left(\dfrac{3}{4}\right)^2 \times \left(2 - \dfrac{\dfrac{\log|i-j|}{\log 2}+2}{12}\right) & i \neq j \end{cases} \quad (7-18)$$

例如,包含 1000 个点的时间序列的闪烁噪声协因数阵如下(对称阵):

$$Q_f = \begin{bmatrix} 1.125 & 1.031 & 0.984 & 0.957 & \cdots & 0.564 \\ & 1.125 & 1.031 & 0.984 & \cdots & 0.564 \\ & & 1.125 & 1.031 & \cdots & 0.564 \\ & & & \ddots & \ddots & \vdots \\ & & & & 1.125 & 1.031 \\ & & & & & 1.125 \end{bmatrix} \quad (7-19)$$

(3) $k=-2$ 为随机游走噪声,于是 $\varphi_n=1$,则转换矩阵如下:

$$S(k=-2) = \Delta T^{1/2} \begin{bmatrix} 1 & 0 & 0 & \cdots & 0 \\ 1 & 1 & 0 & \cdots & 0 \\ 1 & 1 & 1 & \cdots & 0 \\ \vdots & \vdots & \vdots & \ddots & \vdots \\ 1 & 1 & 1 & \cdots & 1 \end{bmatrix} \quad (7-20)$$

$$Q_{rw} = S(k=-2)S(k=-2)^T = \Delta T \begin{bmatrix} 1 & 1 & 1 & \cdots & 1 \\ 1 & 2 & 2 & \cdots & 2 \\ 1 & 2 & 3 & \cdots & 3 \\ \vdots & \vdots & \vdots & \ddots & \vdots \\ 1 & 2 & 3 & \cdots & n \end{bmatrix} \quad (7-21)$$

注意,式(7-21)只适用于数据采样平均分布于观测期间内,对于非均匀或者存在大量数据缺失的观测数据,不能适用于该式。

如上所述,确定了各噪声分量的协因数矩阵以后,可以利用方差-协方差分量法求 σ_w^2、σ_f^2 和 σ_{rw}^2 最佳估值。

下面介绍具体求解 σ_w^2、σ_f^2 和 σ_{rw}^2 的步骤,为了叙述方便,表示如下:

$$\theta = [\sigma_w^2 \quad \sigma_f^2 \quad \sigma_{rw}^2]^T = [\theta_1 \quad \theta_2 \quad \theta_3]^T \quad (7-22)$$

$$Q = [Q_w \quad Q_f \quad Q_{rw}]^T = [Q_1 \quad Q_2 \quad Q_3]^T \quad (7-23)$$

$$D = \sigma_w^2 Q_w + \sigma_f^2 Q_f + \sigma_{rw}^2 Q_{rw} = \sum_{i=1}^{3} \widetilde{Q}_i \theta_i \quad (7-24)$$

为平差时定权的需要,应取 θ 的初值,一般取

$$\theta_0 = [1 \quad 1 \quad 1]^T \quad (7-25)$$

代入随机模型可得 D_0，由此可得权矩阵 $P_0 = D_0^{-1}$，并且协因数矩阵与权矩阵互为逆矩阵。

$$D_0 = Q_w + Q_f + Q_{rw} = \sum_{i=1}^{3} \widetilde{Q}_i \tag{7-26}$$

$$P_0 = (D_0^{-1} \cdot D_0) D_0^{-1} = D_0^{-1}(Q_w + Q_f + Q_{rw})D_0^{-1} \tag{7-27}$$

$$P_0 = D_0^{-1} Q_w D_0^{-1} + D_0^{-1} Q_f D_0^{-1} + D_0^{-1} Q_{rw} D_0^{-1} = \widetilde{P}_1 + \widetilde{P}_2 + \widetilde{P}_3 = \sum_{i=1}^{3} \widetilde{P}_i \tag{7-28}$$

参照式 $\hat{x} = N^{-1} B^T P_0 y$ 有

$$N = B^T P_0 B \tag{7-29}$$

则代入误差方程可得

$$V = B\hat{x} - y = BN^{-1} B^T P_0 y - y = (BN^{-1} B^T P_0 - E) y = R_0 y \tag{7-30}$$

式中，$R_0 = BN^{-1} B^T P_0 - E$；其为幂等矩阵，具有如下性质

$$R_0 R_0 = R_0; R_0 B = 0; R_0^T P_0 = P_0 R_0; \text{tr}(R_0) = \text{rk}(R_0) = r \tag{7-31}$$

其中，$\text{tr}(\cdot)$ 和 $\text{rk}(\cdot)$ 表示求矩阵的迹和秩；r 表示多余观测数。

又顾及 $y - Bx = \Delta$，$BN^{-1} B^T P_0 = I$；则有

$$\begin{aligned} V &= B\hat{x} - y = Bx - Bx + B\hat{x} - y \\ &= (B\hat{x} - Bx) - (y - Bx) \\ &= (BN^{-1} B^T P_0 y - BN^{-1} B^T P_0 Bx) - (y - Bx) \\ &= BN^{-1} B^T P_0 (y - Bx) - (y - Bx) \\ &= (BN^{-1} B^T P_0 - E)(y - Bx) \\ &= R_0 \Delta \end{aligned} \tag{7-32}$$

其二次型为

$$V^T P_0 V = \Delta^T R_0^T P_0 R_0 \Delta \tag{7-33}$$

因存在如下等式

$$V^T P_0 V = \text{tr}(V^T P_0 V) = \text{tr}(\Delta^T R_0^T P_0 R_0 \Delta) = \text{tr}(R_0^T P_0 R_0 \Delta \Delta^T) \tag{7-34}$$

对上式取期望，并顾及 $E(\Delta \Delta^T) = D_\Delta = D$，则有

$$E(V^T P_0 V) = \text{tr}\{E(R_0^T P_0 R_0 \Delta \Delta^T)\} = \text{tr}\{R_0^T P_0 R_0 E(\Delta \Delta^T)\} = \text{tr}(R_0^T P_0 R_0 D) \tag{7-35}$$

把上式表示成方程组的形式，分别把(7-34)、式(7-31)代入式(7-32)左边和右边，可得

$$E(V^T P_0 V) = \sum_{i=1}^{3} E(V^T \widetilde{P}_i V) \tag{7-36}$$

$$\text{tr}(R_0^T P_0 R_0 D) = \sum_{i=1}^{3} \sum_{j=1}^{3} \text{tr}(R_0^T \widetilde{P}_i R_0 \widetilde{Q}_j \theta_j) \tag{7-37}$$

因此可得如下等式

$$\sum_{i=1}^{3} E(V^T \widetilde{P}_i V) = \sum_{i=1}^{3} \sum_{j=1}^{3} \text{tr}(R_0^T \widetilde{P}_i R_0 \widetilde{Q}_j \theta_j) \tag{7-38}$$

很显然，上式为一个线性方程组，去掉数学期望符号，并将它写成矩阵形式

$$\begin{bmatrix} \mathrm{tr}(R_0^T \tilde{P}_1 R_0 \tilde{Q}_1) & \mathrm{tr}(R_0^T \tilde{P}_1 R_0 \tilde{Q}_2) & \mathrm{tr}(R_0^T \tilde{P}_1 R_0 \tilde{Q}_3) \\ \mathrm{tr}(R_0^T \tilde{P}_2 R_0 \tilde{Q}_1) & \mathrm{tr}(R_0^T \tilde{P}_2 R_0 \tilde{Q}_2) & \mathrm{tr}(R_0^T \tilde{P}_2 R_0 \tilde{Q}_3) \\ \mathrm{tr}(R_0^T \tilde{P}_3 R_0 \tilde{Q}_1) & \mathrm{tr}(R_0^T \tilde{P}_3 R_0 \tilde{Q}_2) & \mathrm{tr}(R_0^T \tilde{P}_3 R_0 \tilde{Q}_3) \end{bmatrix} \begin{bmatrix} \hat{\theta}_1 \\ \hat{\theta}_2 \\ \hat{\theta}_3 \end{bmatrix} = \begin{bmatrix} V^T \tilde{P}_1 V \\ V^T \tilde{P}_2 V \\ V^T \tilde{P}_3 V \end{bmatrix} \quad (7-39)$$

顾及 $V = R_0 y$，可得用观测值 y 的二次型估求 θ 的计算公式

$$\begin{bmatrix} \mathrm{tr}(R_0^T \tilde{P}_1 R_0 \tilde{Q}_1) & \mathrm{tr}(R_0^T \tilde{P}_1 R_0 \tilde{Q}_2) & \mathrm{tr}(R_0^T \tilde{P}_1 R_0 \tilde{Q}_3) \\ \mathrm{tr}(R_0^T \tilde{P}_2 R_0 \tilde{Q}_1) & \mathrm{tr}(R_0^T \tilde{P}_2 R_0 \tilde{Q}_2) & \mathrm{tr}(R_0^T \tilde{P}_2 R_0 \tilde{Q}_3) \\ \mathrm{tr}(R_0^T \tilde{P}_3 R_0 \tilde{Q}_1) & \mathrm{tr}(R_0^T \tilde{P}_3 R_0 \tilde{Q}_2) & \mathrm{tr}(R_0^T \tilde{P}_3 R_0 \tilde{Q}_3) \end{bmatrix} \begin{bmatrix} \hat{\sigma}_w^2 \\ \hat{\sigma}_f^2 \\ \hat{\sigma}_{rw}^2 \end{bmatrix} = \begin{bmatrix} y^T R_0^T \tilde{P}_1 R_0 y \\ y^T R_0^T \tilde{P}_2 R_0 y \\ y^T R_0^T \tilde{P}_3 R_0 y \end{bmatrix}$$

$$(7-40)$$

简记为

$$\underset{t \times t}{T} \underset{t \times 1}{\hat{\theta}} = \underset{t \times 1}{W} \quad (7-41)$$

其中 t 表示待估量个数，也即必要观测数，本书中 $t = 3$。

$$T = \begin{bmatrix} \mathrm{tr}(R_0^T \tilde{P}_1 R_0 \tilde{Q}_1) & \mathrm{tr}(R_0^T \tilde{P}_1 R_0 \tilde{Q}_2) & \mathrm{tr}(R_0^T \tilde{P}_1 R_0 \tilde{Q}_3) \\ \mathrm{tr}(R_0^T \tilde{P}_2 R_0 \tilde{Q}_1) & \mathrm{tr}(R_0^T \tilde{P}_2 R_0 \tilde{Q}_2) & \mathrm{tr}(R_0^T \tilde{P}_2 R_0 \tilde{Q}_3) \\ \mathrm{tr}(R_0^T \tilde{P}_3 R_0 \tilde{Q}_1) & \mathrm{tr}(R_0^T \tilde{P}_3 R_0 \tilde{Q}_2) & \mathrm{tr}(R_0^T \tilde{P}_3 R_0 \tilde{Q}_3) \end{bmatrix} \quad (7-42)$$

$$W = \begin{bmatrix} y^T R_0^T \tilde{P}_1 R_0 y \\ y^T R_0^T \tilde{P}_2 R_0 y \\ y^T R_0^T \tilde{P}_3 R_0 y \end{bmatrix} \quad (7-43)$$

上式解取决于系数矩阵 T 的性质，当 T 为满秩矩阵，即 $\mathrm{rk}(T) = t$，有唯一解

$$\hat{\theta} = T^{-1} W \quad (7-44)$$

当待估参数比较多时，T 可能为降秩矩阵，即 $\mathrm{rk}(T) < t$，有唯一最小范数解

$$\hat{\theta} = T^+ W \quad (7-45)$$

式中，T^+ 为矩阵 T 的最小二乘最小范数逆矩阵。

方差-协方差估计 GNSS 时间序列噪声分量的具体计算步骤如下：

(a) 确定监测时间序列 y，设计矩阵 B 和各噪声分量的协因数阵；

(b) 定方差分量初值 θ_0，利用上试推导公式，计算 R_0, P_0；

(c) 进行第一次平差，计算得到 T, W，平差获得 θ 的第一次估值 $\hat{\theta}$；

(d) 将 (c) 得到的估值，代入随机模型，获得新的 D，然后重新定权，计算 R_1, P_1；

(e) 反复进行 (b) 到 (d)，直至 $\|\hat{\theta}^i - \hat{\theta}^{i-1}\|_{Q_{\hat{\theta}}^{-1}} < \zeta$（$\zeta$ 为给定阈值向量），确定最终估值 $\hat{\theta}$。

注意 "$\|\cdot\|_w$" 表示矩阵 "$(\cdot)^T W(\cdot)$" 的二范数，且 $Q_{\hat{\theta}} = T^{-1}$。由此可以利用式 (7-7) 求得参数估值 $\hat{x}$。代码如下。

$$\hat{x} = (B^T D^{-1} B)^{-1} B^T D^{-1} y \quad (7-46)$$

$$Q_{\hat{x}} = (B^T D^{-1} B)^{-1} \quad (7-47)$$

```
function [ theta ,Q]=LS_VCE_Amiri(A,y,Qw,Qf,Qrw,theta0,zeta)
[n,p]=size(A);%N:Epoch Number   ;p:Parameter Number
In     =  eye(n);
U1=theta0(1) * Qw;
U2=theta0(2) * Qf;
U3=theta0(3) * Qrw;

D   =   U1 +U2 +U3;
P   =  inv(D);
P_A=  In - A*inv(A' * P * A) * A' * P;
e   =  P_A * y;

lk(1,1)=(1/2) * e' * P * U1 * P * e;
lk(2,1)=(1/2) * e' * P * U2 * P * e;
lk(3,1)=(1/2) * e' * P * U3 * P * e;

N(1,1)   =(1/2) * trace(P * P_A * U1 * P * P_A * U1);
N(1,2)   =(1/2) * trace(P * P_A * U1 * P * P_A * U2);
N(1,3)   =(1/2) * trace(P * P_A * U1 * P * P_A * U3);
N(2,1)   =(1/2) * trace(P * P_A * U2 * P * P_A * U1);
N(2,2)   =(1/2) * trace(P * P_A * U2 * P * P_A * U2);
N(2,3)   =(1/2) * trace(P * P_A * U2 * P * P_A * U3);
N(3,1)   =(1/2) * trace(P * P_A * U3 * P * P_A * U1);
N(3,2)   =(1/2) * trace(P * P_A * U3 * P * P_A * U2);
N(3,3)   =(1/2) * trace(P * P_A * U3 * P * P_A * U3);

theta1   = N\lk;
%||.||w=squared norm of a vector as(.)'W()
delta    =(theta1 - theta0);
repeat=norm(delta' * N * delta ,2);
if repeat>zeta
    LS_VCE_Amiri(A,y,U1,U2,U3,theta1,zeta);
end
theta=theta1;
Q=inv(N);
```

第三节 时间序列空间域噪声分析

GNSS 残差时间序列中存在明显的周期波动，Wdowinski 等（1997）的研究表明这类非构造噪声存在区域相关性。CME 可能不是构造活动的表现，潜在的来源有：①卫星轨道误差；②水体和大气质量负荷；③参考框架定义的不确定性等。

对于区域网 GNSS 站点日解时间序列，每一个坐标分量（东、北和高 3 个方向）的残差坐标序列（去趋势和去均值）都可以构造一个 $m \times n$ 的矩阵 X，其中 n 表示测站数，m 表示历元数，需满足关系 $m \geqslant n$。矩阵 X 的列表示某一个测站单分量的所有历元数据，X 的行表示某一历元有观测的所有测站集合。

区域叠加滤波（"stacking"）方法，计算公式如下：

$$\varepsilon(t_i) = \frac{\sum_{j=1}^{n}(X(t_i,j)/\sigma_{i,j}^2)}{\sum_{j=1}^{n}(1/\sigma_{i,j}^2)} \tag{7-48}$$

$$\bar{x}(t_i,j) = X(t_i,j) - \varepsilon(t_i) \tag{7-49}$$

上式表示 t_i 历元的共模误差 $\varepsilon(t_i)$；$\sigma_{i,j}^2$ 是 $X(t_i,j)$ 的方差；$\bar{x}(t_i,j)$ 是剔除共模误差以后的滤波时间序列。由于每一个历元时间，所有测站滤掉相同的共模误差，所以区域叠加滤波方法只适用于范围很小的 GNSS 网。

Dong 等基于经验正交函数的主成分分析（PCA）提取 CME。根据其提供的方法，矩阵 X 可以做如下变换：

$$X(t_i,j) = \sum_{k=1}^{n} a_k(t_i) v_k(j), \quad (j=1,2,\cdots,n) \tag{7-50}$$

$$a_k(t_i) = \sum_{j=1}^{n} X(t_i,j) v_k(j), \quad (k=1,2,\cdots,n) \tag{7-51}$$

上式 a_k 为第 k 个主成分；v_k 是协方差矩阵 B 的第 k 个特征向量。

$$B(i,j) = \frac{1}{m-1} \sum_{k=1}^{m} X(t_k,i) X(t_k,j) \tag{7-52}$$

协方差矩阵 B 的特征值为降序排列（$\lambda_1 \geqslant \lambda_2 \geqslant \cdots \geqslant \lambda_n$），第一主成分对应着最大的特征值 λ_1。

Dong（2006）提出的 PCA 方法需要满足在观测时间内不能有缺失历元（以天为单位），但是现实情况下，因为各种因素影响会造成 GNSS 时间序列存在大量的缺失数据（图 7-5），因此 Shen 等（2013）进一步改进，提出了一种缺失数据情况下的改进 PCA 方法。

时间序列在 t_i 历元拥有观测数据的测站构成子集 S_i，而 S_i 集合包含最大测站数为 n。对于存在缺失数据的区域叠加滤波方法，计算公式如下：

图 7-5 GNSS 时间序列的数据缺失情况

$$\varepsilon(t_i) = \frac{\sum_{j=1}^{S_i}(X(t_i,j)/\sigma_{i,j}^2)}{\sum_{j=1}^{S_i}(1/\sigma_{i,j}^2)} \tag{7-53}$$

对于存在缺失数据的 PCA 方法，改变如下：

$$a_k(t_i) = \sum_{j=1}^{j\in S_i} X(t_i,j)v_k(j) + \sum_{j=1}^{j\notin S_i} X(t_i,j)v_k(j), \quad (k=1,2\cdots n) \tag{7-54}$$

相应的协方差矩阵 B 构造如下：

$$\begin{cases} B(i,i) = \dfrac{1}{m_i-1}\sum_{k=1}^{M_i} X(t_k,i)X(t_k,i) \\ B(i,j) = \dfrac{1}{m_{ij}-1}\sum_{k=1}^{M_i\cap M_j} X(t_k,i)X(t_k,j) \end{cases} \tag{7-55}$$

上式中 M_i 和 M_j 分别表示测站 i 和 j 的时间序列集合，m_i 和 m_{ij} 分别表示 M_i 和 $M_i \cap M_j$ 集合的历元个数。若 $M_i \cap M_j$ 交集为空集，则对应的 $B(i,j)$ 赋值为 0。

根据式(7-50)，当 $j \notin S_i$ 时，测站时间序列 $X(t_i,j)$ 可由如下式求得：

$$X(t_i,j)_{j \notin S_i} = \sum_{k=1}^{n} a_k(t_i) v_k(j) \tag{7-56}$$

将上式代入式(7-54)，可得

$$\begin{cases} a_1(t_i) = \sum_{j=1}^{j \in S_i} X(t_i,j) v_1(j) + \sum_{j=1}^{j \notin S_i} [a_1(t_i) v_1(j) + a_2(t_i) v_2(j) + \cdots + a_n(t_i) v_n(j)] v_1(j) \\ a_2(t_i) = \sum_{j=1}^{j \in S_i} X(t_i,j) v_2(j) + \sum_{j=1}^{j \notin S_i} [a_1(t_i) v_1(j) + a_2(t_i) v_2(j) + \cdots + a_n(t_i) v_n(j)] v_2(j) \\ \vdots \\ a_n(t_i) = \sum_{j=1}^{j \in S_i} X(t_i,j) v_n(j) + \sum_{j=1}^{j \notin S_i} [a_1(t_i) v_1(j) + a_2(t_i) v_2(j) + \cdots + a_n(t_i) v_n(j)] v_n(j) \end{cases} \tag{7-57}$$

写成矩阵形式：

$$y(t_i) = A(t_i) \xi(t_i) \tag{7-58}$$

其中，

$$y(t_i) = \left[\sum_{j=1}^{j \in S_i} X(t_i,j) v_1(j) \quad \sum_{j=1}^{j \in S_i} X(t_i,j) v_2(j) \quad \cdots \quad \sum_{j=1}^{j \in S_i} X(t_i,j) v_n(j) \right]^T \tag{7-59}$$

$$A(t_i) = \begin{bmatrix} 1 - \sum_{j=1}^{j \notin S_i} v_1^2(j) & -\sum_{j=1}^{j \notin S_i} v_1(j) v_2(j) & \cdots & -\sum_{j=1}^{j \notin S_i} v_1(j) v_n(j) \\ -\sum_{j=1}^{j \notin S_i} v_1(j) v_2(j) & 1 - \sum_{j=1}^{j \notin S_i} v_2^2(j) & \cdots & -\sum_{j=1}^{j \notin S_i} v_2(j) v_n(j) \\ \vdots & \vdots & \ddots & \vdots \\ -\sum_{j=1}^{j \notin S_i} v_1(j) v_n(j) & -\sum_{j=1}^{j \notin S_i} v_2(j) v_n(j) & \cdots & 1 - \sum_{j=1}^{j \notin S_i} v_n^2(j) \end{bmatrix} \tag{7-60}$$

$$\xi(t_i) = (a_1(t_i) \quad a_2(t_i) \quad \cdots \quad a_n(t_i))^T \tag{7-61}$$

满足最小范数解：

$$\xi(t_i) = \sum A^T(t_i) \left[A^T(t_i) \sum A(t_i) \right]^{-} y(t_i) \tag{7-62}$$

符号"-"表示伪逆，$\sum$ 是 $\xi(t_i)$ 的协方差矩阵，一般认为各主成分之间是不相关的，所以 $\sum$ 为单位矩阵。利用上面公式，可以求得所需的主成分。第一主成分对应最大的特征值，具有整个区域最多的信息，往往反映整个测网的共同变化趋势。所以，根据 Dong 所述，共模误差由第一主成分确定，代码如下：

$$\varepsilon(t_i,j) = a_1(t_i) v_1(j) \tag{7-63}$$

```
function e=stackingCME(X,sigmas)
[row,col]=size(X);
for i=1:row
    sum=0;sum_sig=0;
    for j=1:col
        I=find(X(i,:)~=0);%I 为 Si 集合
        if(~isempty(I))
            for k=1:length(I)
                sum=sum+(X(i,I(k))/sigmas(i,I(k))^2);
                sum_sig=sum_sig+(1/sigmas(i,I(k))^2);
            end
        else
            sum=0;
            sum_sig=1;
        end
    end
    e(i)=sum/sum_sig;
end
```

```
function [cxi,v,d]=pcaCME(X)
[m,n]=size(X);
%B(n×n)对称阵
B=zeros(n,n);
%Shen(2014)表达式(10)
for i=1:n %B(i,j)
    for j=1:n
        if i==j
            Mi=find(X(:,i)~=0);
            mi=length(Mi);%非零元素的个数
            temp=0;
            for k=1:mi
                temp=temp+X(Mi(k),i)^2;
            end
            if mi>1
                B(i,i)=temp/(mi-1);
```

```
            else
                B(i,i)=temp;
            end
        else
            Mi   = find(X(:,i)~=0);
            Mj   = find(X(:,j)~=0);
            Mij=intersect(Mi,Mj);
            if isempty(Mij)
                continue;
            end
            mij=length(Mij);
            temp=0;
            for k=1:mij
                temp=temp+X(Mij(k),i) * X(Mij(k),j);
            end
            if mij>1
                B(i,j)=temp/(mij-1);
            else
                B(i,j)=temp;
            end
        end
    end
end
% [P,D]=eig(B)——计算出 A 的全部特征值和对应的特征向量。
%其中,D 是对角矩阵,保存矩阵 A 的全部特征值。
% P 是满阵,P 的列向量构成对应于 D 的特征向量组。
%eig 求得特征值和特征向量是乱序的,所以改用 eigenshuffle.m
[v,d]=eigenshuffle(B);
cY=cell(m,1);
for i=1:m%时间 t 的遍历
    for j=1:n%矩阵 y 元素的个数
        I=find(X(i,:)~=0);%I 为 Si 集合
        if(~isempty(I))
            temp=0;
            for k=1:length(I)%Si 集合遍历
```

```
                    temp=temp+(X(i,I(k)) * v(I(k),j));
                end
            else
                temp=0;
            end
            y(j,1)=temp;
        end
        cY{i,1}=y;
end

cA=cell(m,1);
for i=1:m%时间 t 的遍历
    for j=1:n%A 矩阵的行
        for k=1:n%A 矩阵的列
            I=find(X(i,:)==0);%I 不属于 Si 集合
            if(~isempty(I))
                temp=0;
                for l=1:length(I)%不属于 Si 集合的遍历
                    temp=temp+v(I(l),j) * v(I(l),k);
                end
            else
                temp=0;
            end
            if k==j
                a(j,k)=1-temp;
            else
                a(j,k)=-temp;
            end
        end
    end
    cA{i,1}=a;
end
%Shen(2014)等式(15)
%注意各主成分之间是不相关的,所以∑为单位阵。
for i=1:m
```

```
    A=cA{i,1};
    Y=cY{i,1};
    xi=A' * pinv(A' * A) * Y;
    if i==1
        cxi=xi';
    else
        cxi=[cxi;xi'];
    end
end
```

第四节 时间序列周期分析

GNSS 时间序列中存在明显的周期特性,在垂向上尤为突出。其成因有重力激发、热效应和水文动力学因素等。重力激发是指由于固体潮、海潮、大气潮等产生的地壳形变;热效应和水文动力学因素包括非潮汐海洋质量变化、基岩的热膨胀、风剪切等。此外,模型误差(卫星轨道、大气延迟、天线相位中心模型)、多路径噪声等都可以造成 GNSS 位置的周期性波动。固体潮、极潮和海潮已有较为完善的模型进行改正,当前的研究热点集中在海潮、大气负荷、地表水负荷对 GNSS 台站位置的影响。

利用式(7-64),周期项提取周年项(即周期为一年,因为 t_i 是以年为单位,所以周期为 1 的项即为周年项)、半周年项(周期为 1/2 的项):

$$y(t_i)=a+bt_i+A_{\text{annual}}\sin(2\pi t_i+\varphi_1)+A_{\text{semiannual}}\sin(4\pi t_i+\varphi_2)+v_i \quad (7-64)$$

其中 A 表示周期项大小:

$$A_{\text{annual}}=\sqrt{c^2+d^2},\varphi_1=\arctan\left(\frac{d}{c}\right) \quad (7-65)$$

$$A_{\text{semiannual}}=\sqrt{e^2+f^2},\varphi_2=\arctan\left(\frac{f}{e}\right) \quad (7-66)$$

分别建立周年和半周年振幅-相位坐标系(c、e 为横轴,d、f 为纵轴),如图 7-6、图 7-7 所示。

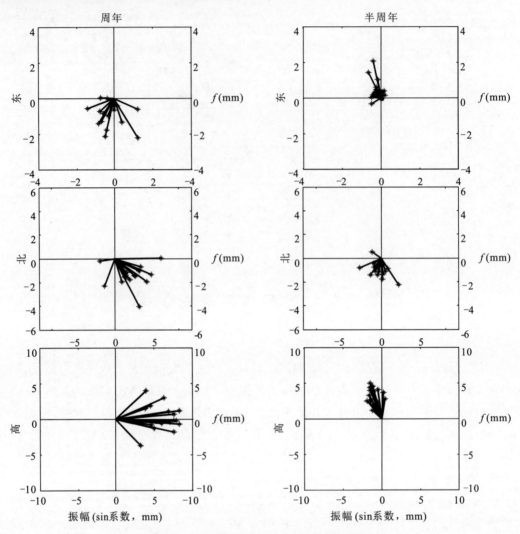

图7-6 周年项、半周年项相位和振幅图

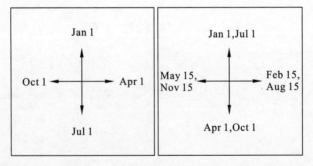

图7-7 周年项、半周年项信号的波峰与时间的关系图

第八章 GAMIT/GLOBK 的应用领域

随着 GNSS 导航定位技术在不同领域的广泛应用和技术更新的飞速发展，大型工程项目的设计、施工、运行和管理各个阶段对工程测量提出了更高的要求，许多测绘、勘测、规划、市政、交通、铁道、水利水电、建筑、矿山、道桥、国土资源、气象、地震等行业部门在建设过程中需应用到高精度卫星定位方面的技术和服务。深入了解卫星定位技术的发展和大型工程建设中的应用，并且熟练掌握 GNSS 高精度数据处理，在今后的工程实践中比别人拥有更多技能和优势，为个人发展注入更多竞争力。

第一节 GAMIT/GLOBK 解算高速铁路框架控制网

2000 国家大地坐标系（简称 CGCS2000）是经国务院批准使用的新一代国家大地坐标系，具有三维、地心、高精度、动态的特点，更加适应当今对地观测技术的发展，是我国现代化测绘基准体系建设的重要组成部分。加快推广使用新坐标系，有利于提高测绘地理信息保障能力和服务水平，推动测绘地理信息事业发展；有利于保证地理信息资源的完整性和一致性，促进地理信息资源共享；有利于推进国产卫星导航系统的应用，提高国家空间基准的自主性和安全性；对于经济建设、国防建设、社会发展和科学研究等具有十分重要的意义，并且能够更好地满足高精度、快速的空间定位技术在各领域的应用需求。

按照国务院要求，到 2018 年我国将全面完成 1954 年北京坐标系和 1980 年西安坐标系向 CGCS2000 的转换。届时，北京 1954 和西安 1980 两种坐标系将停止使用。

2000 国家大地坐标系以 ITRF1997 参考框架为基准，参考框架历元为 2000.0。正因为如此，可以利用 GAMIT/GLOBK 求取的坐标结果，通过框架转换和历元转换可以实现获取 CGCS2000 成果。

高速铁路平面控制网按分级布网的原则分四级布设，第一级为框架控制网（CP0），第二级为基础平面控制网（CPⅠ），第三级为线路平面控制网（CPⅡ），第四级为轨道控制网（CPⅢ）。其中 CPⅠ是全线各级平面控制测量的基准，CPⅡ是勘测、施工阶段的线路平面控制网和无砟轨道施工阶段基桩控制网启闭的基准。由于 CP0、CPⅠ、CPⅡ在高速铁路勘测施工中具有极为重要的作用，因此 CP0、CPⅠ、CPⅡ的精度要求也非常高。CP0、CPⅠ需达到国家 B 级 GNSS 网精度，CPⅡ需达到国家 C 级 GNSS 网精度。

高速铁路CP0的概念是铁道第三勘察设计院(现名:中国铁路设计集团有限公司)最早提出的,并最早在京沪高铁中得到应用。高速铁路采用GNSS精密定位测量技术,按照一定间距(50~100km)布设建立CP0,对此长基线解算建议采用国际著名精密解算软件GAMIT/GLOBK,与国际IGS参考站或者国家A级、B级GNSS点进行联测,前者涉及ITRF框架之间的转换。本书利用实际高速铁路项目验算ITRF2008框架坐标转换获得CGCS2000坐标,并给出实际工程中可行性建议。

本书点位分布如图8-1所示,点号7461、7462位于浙江省舟山市,属于国家C级GNSS控制点;点号A008位于宁波市,是国家B级GNSS控制点,点位坐标详见表8-1,CP01为待求高铁框架控制网点,是甬舟铁路一号控制点。采用中国周边的17个IGS测站(aira、artu、bako、bjfs、daej、guam、hyde、iisc、kit3、lhaz、nril、ntus、pimo、pol2、shao、urum、yakt)参与解算。

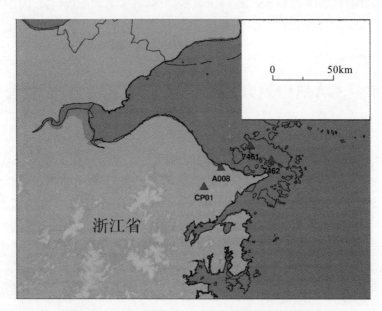

图8-1 GNSS控制点站点位置分布示意图

表8-1 中国GNSS控制点CGCS2000大地坐标

点号	经度(DDD.MMSS)	纬度(DDD.MMSS)	大地高(m)	级别
7461	121.591	30.055	25.563	C
7462	122.094	29.594	17.674	C
A008	121.442	29.563	33.471	B

一、数据解算

本书数据处理使用 GAMIT/GLOBK 10.61 版本,处理策略见表 8-2。

特别说明表 8-2 中,对于 Choice of Experiment,选择 BASELINE 时将固定轨道并在 GAMIT 处理和输出 h 文件时忽略轨道参数;合并全球 IGS 站 h 文件时需要选择 RELAX,此时将采用松弛解。要想点位置精度高用 RELAX,若目的是求基线后面网平差则用 BASELINE。在此实例中采用默认的 BASELINE。对 IGS 核心站进行紧约束(0.03,0.03,0.05),其余点进行松约束(30,30,30)。

表 8-2 GAMIT 解算参数设置

参数类型	参数设置
数据采样间隔	15s
Choice of Observable	LC_AUTCLN
Choice of Experiment	BASELINE
Type of Analysis	1-ITER
Etide model	IERS03
Tides applied	31
全球海潮模型	otl_FES2004.grid
Elevation Cutoff	10
Interval zen	2
Antenna Model	NONE
Inertial frame	J2000
DMap	GMF
WMap	GMF

软件解算采用精密星历,由于天线高已经归算到相位中心,因此在 sestbl.表中设置为"Antenna Model=NONE",不采用相位中心变化,并且 hi.dat 文件中设置天线高量测参考点 DHARP。解算后的 NRMS 平均值为 0.186,满足基线解算要求。基线解算结果见表 8-3,可以看出最弱边相对精度为 1/2 504 960。利用 GLOBK 进行网平差获得所有站点 ITRF2008 框架在 2017.393 历元下的坐标值(表 8-4)。

表8-3 GAMIT基线解算结果

序号	基线起点	基线终点	基线长(S)(m)	基线中误点(MS)(cm)	基线相对精度(MS:S)
1	7461	7462	20 322.350 0	0.80	1/2 533 000
2	7461	A008	29 527.360 1	1.09	1/2 708 932
3	7461	CP01	49 824.239 3	1.08	1/4 613 355
4	7462	A008	41 217.540 3	1.68	1/2 453 425
5	7462	CP01	58 613.251 2	2.19	1/267 640
6	A008	CP01	20 540.678 5	0.82	1/2 504 960

表8-4 GLOBK网平差后ITRF2008框架空间直角坐标及精度

点号	X(m)	Y(m)	Z(m)	M_x(mm)	M_y(mm)	M_z(mm)
7461	-2 9***19.56	46***91.84	31***20.87	6.9	10.5	7.2
7462	-2 9***37.21	46***01.13	31***46.70	19.6	24.6	16.5
A008	-2 9***86.55	47***85.29	31***29.92	4.9	6.5	4.5
CP01	-2 9***08.32	47***66.81	35***30.13	5.1	6.7	4.6

二、坐标转换

从ITRF2008坐标转换到CGCS2000坐标需要经过如下步骤。

(1)框架变换:在2017.393历元下,把ITRF2008框架转换到ITRF1997框架(图8-2)。

(2)历元变换:ITRF1997框架中,把2017.393历元坐标转换到2000.0历元下的坐标。

从ITRF官网(http://itrf.ensg.ign.fr/trans_para.php)可以获得ITRF2008框架与其他ITRF框架的转换参数(表8-5)。

表8-5 ITRF2008转换到ITRF1997的参数

参数	T_x	T_y	T_z	D	R_x	R_x	R_x	历元
单位	mm	mm	mm	ppb	mas	mas	mas	
变化率	$\dot{T}_x$	$\dot{T}_y$	$\dot{T}_z$	$\dot{D}$	$\dot{R}_x$	$\dot{R}_x$	$\dot{R}_x$	
单位	mm/y	mm/y	mm/y	ppb/y	mas/y	mas/y	mas/y	
ITRF1997	4.8	2.6	-33.2	2.92	0.00	0.00	0.06	2000.0
变化率	0.1	-0.5	-3.2	0.09	0.00	0.00	0.02	

注:1ppb=10^{-9},1mas=$0.001''$=4.84813×10^{-9}rad。

第八章　GAMIT/GLOBK 的应用领域

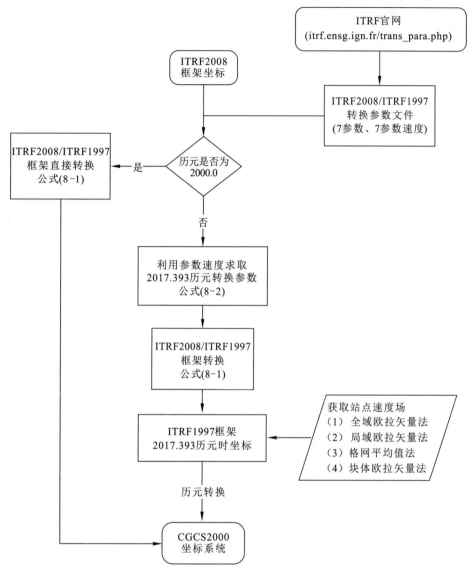

图 8-2　ITRF2008 与 CGCS2000 坐标转换流程图

$$\begin{bmatrix} XS \\ YS \\ ZS \end{bmatrix} = \begin{bmatrix} X \\ Y \\ Z \end{bmatrix} + \begin{bmatrix} Tx \\ Ty \\ Tz \end{bmatrix} + \begin{bmatrix} D & -Rz & Ry \\ Rz & D & -Rx \\ -Ry & Rx & D \end{bmatrix} \begin{bmatrix} X \\ Y \\ Z \end{bmatrix} \qquad (8-1)$$

上式中的 X、Y、Z 是 ITRF2008 框架下的坐标值，XS、XY、XZ 是 ITRF1997 框架下的坐标值。对于不同历元，还涉及到历元转换，公式如下：

$$P(t) = P(\text{EPOCH}) + \dot{P} * (t - \text{EPOCH}) \qquad (8-2)$$

上式中 P 表示历元（EPOCH）为 2000.0 历元时刻转换参数，也就是上表中的数值。$\dot{P}$

129

表示 P 的速率。

历元转换涉及到站点速度场，对于区域站通用的方式是采用局域欧拉矢量法，即在待求点附近周围第四象限内搜寻4个以上的连续站点，利用这些点的已知速度，根据式(8-3)解算欧拉矢量，然后用求得的欧拉矢量计算待求点的速度。

$$\begin{cases} \dot{x} = (\Omega_y z - \Omega_z y) \times 10^{-6} \\ \dot{y} = (\Omega_z x - \Omega_x z) \times 10^{-6} \\ \dot{z} = (\Omega_x y - \Omega_y x) \times 10^{-6} \end{cases} \quad (8-3)$$

式中，$(x\ y\ z)$ 为位置坐标，单位为 m；$(\dot{x}\ \dot{y}\ \dot{z})$ 为速度向量，单位为 m/a；$(\Omega_x, \Omega_y, \Omega_z)$ 为欧拉矢量，单位为 rad/Ma。局域欧拉矢量法获得的速度精度高，但是实际项目中，一般用户很难获得周围4个连续站，并且需要编写相应程序，外业用户使用不便。魏子卿在2016年提出的格网平均值法使用方便，且获得的速度精度较高，本书采用此方法。表8-6展示坐标框架转换的输入数据，参考中国大陆Ⅱ级活动块体划分，该区域位于鲁东-黄海块体与华南块体交接地带，其地壳运动背景场整体是在往东偏南运动，年速率在厘米级别，因此历元转换尤为重要。

$$X_{t=2000.0} = X_t + (2000.0 - t)V \quad (8-4)$$

式(8-4)称为历元转换，其中 $X_{t=2000.0}$ 对应 ITRF1997，在2000.0历元下坐标向量，也就是 CGCS2000 坐标；X_t 是 ITRF1997 框架下 t 历元(本书 $t=2017.393$)的坐标；V 表示站点速度向量。

表8-6 坐标框架转换数据输入

编号	经度(°)	纬度(°)	V_x(mm/yr)	V_y(mm/yr)	V_z(mm/yr)	编号	经度(°)	纬度(°)	V_x(mm/yr)	V_y(mm/yr)	V_z(mm/yr)
1	72~75	36~39	-26.4	-6.1	14	12	81~84	33~36	-29.7	-4.1	9.9
2	72~75	39~42	-30.7	-0.6	8.7	13	81~84	36~39	-27.3	-4.1	7.9
3	75~78	36~39	-28.8	-6.2	14.4	14	81~84	39~42	-31.9	-2.5	5.7
4	75~78	39~42	-32.3	-2.8	10.6	15	81~84	42~45	-30.6	-0.2	2.5
5	78~81	30~33	-31.8	-3.7	12.3	16	81~84	45~48	-29.4	2.4	-0.9
6	78~81	33~36	-30.7	-2.9	10	17	84~87	27~30	-38.8	-8.5	18.1
7	78~81	36~39	-29.1	-5.5	12.1	18	84~87	30~33	-38.3	-6.7	13.4
8	78~81	39~42	-31.8	-4.4	10	19	84~87	33~36	-33.1	-4.8	8.7
9	78~81	42~45	-30.8	1.6	1.5	20	84~87	36~39	-28	-3	4
10	81~84	27~30	-36.4	-6.7	15.9	21	84~87	39~42	-31.2	-3.8	5.4
11	81~84	30~33	-34	-4.8	13.8	22	84~87	42~45	-31.6	-1.8	2.7

续表 8-6

编号	经度 (°)	纬度 (°)	V_x (mm/yr)	V_y (mm/yr)	V_z (mm/yr)	编号	经度 (°)	纬度 (°)	V_x (mm/yr)	V_y (mm/yr)	V_z (mm/yr)
23	84~87	45~48	−28.9	0.5	−0.5	53	99~102	21~24	−28.6	0	−15
24	84~87	48~51	−28.2	−0.1	−0.2	54	99~102	24~27	−31.3	2.2	−19
25	87~90	27~30	−41.2	−9.4	17	55	99~102	27~30	−38.2	2.1	−19.2
26	87~90	30~33	−44.4	−7.5	11.8	56	99~102	30~33	−43.2	−1.5	−13.3
27	87~90	33~36	−43.5	−6.7	8.7	57	99~102	33~36	−40.4	−5.3	−5.6
28	87~90	36~39	−28.2	−4.6	4.2	58	99~102	36~39	−34.1	−3.6	−5.7
29	87~90	39~42	−29.5	−3.2	3.1	59	99~102	39~42	−29.8	−1.6	−6.5
30	87~90	42~45	−29.8	−2.3	1.4	60	99~102	42~45	−29.8	−1.6	−6.5
31	87~90	45~48	−28.8	−2.4	1	61	102~105	21~24	−33.7	−3.8	−12
32	87~90	48~51	−28.7	−2	0.7	62	102~105	24~27	−34	−0.6	−17.3
33	90~93	27~30	−44.3	−8.7	11.5	63	102~105	27~30	−35.7	−1.8	−13.8
34	90~93	30~33	−47.3	−7	7.1	64	102~105	30~33	−35	−3.2	−10.6
35	90~93	33~36	−56.1	−6.5	3.9	65	102~105	33~36	−36.3	−4.8	−7.7
36	90~93	36~39	−32.6	−5.8	4.7	66	102~105	36~39	−34.6	−4.2	−7.1
37	90~93	39~42	−30.6	−2.9	−0.2	67	102~105	39~42	−30.1	−3.1	−6.9
38	90~93	42~45	−31.5	−2.8	0.3	68	105~108	21~24	−32.1	−5.2	−13
39	90~93	45~48	−29.4	−2.3	0.2	69	105~108	24~27	−33.3	−4.7	−12.8
40	93~96	27~30	−46.7	−4.9	−0.1	70	105~108	27~30	−34.5	−4	−12
41	93~96	30~33	−51.9	−4.5	−1.9	71	105~108	30~33	−34.1	−3.7	−11.2
42	93~96	33~36	−56	−2.7	−4.3	72	105~108	33~36	−34.4	−3.6	−11.1
43	93~96	36~39	−31.6	−2.6	−1.8	73	105~108	36~39	−32.5	−3.7	−9.2
44	93~96	39~42	−30.1	−2.2	−2.4	74	105~108	39~42	−30.2	−3.3	−8.7
45	93~96	42~45	−31.3	−2.4	−1.9	75	105~108	42~45	−30.2	−3.3	−8.7
46	96~99	21~24	−26.7	1.3	−13.5	76	108~111	18~21	−29.9	−6.5	−14
47	96~99	24~27	−41.7	0.5	−14	77	108~111	21~24	−31.2	−6.3	−13.5
48	96~99	27~30	−50	−3.3	−6.9	78	108~111	24~27	−32.5	−6.4	−13.6
49	96~99	30~33	−44.8	−6.4	−2.3	79	108~111	27~30	−32	−5.4	−12.7
50	96~99	33~36	−33.8	−3.8	−3.3	80	108~111	30~33	−33.2	−5.9	−11.4
51	96~99	36~39	−30.1	−1.1	−5.5	81	108~111	33~36	−32.9	−5.1	−11
52	96~99	39~42	−30.3	−1.2	−5.1	82	108~111	36~39	−32	−5.7	−9.6

续表 8-6

编号	经度(°)	纬度(°)	V_x(mm/yr)	V_y(mm/yr)	V_z(mm/yr)	编号	经度(°)	纬度(°)	V_x(mm/yr)	V_y(mm/yr)	V_z(mm/yr)
83	108~111	39~42	−29.5	−4.4	−8.7	111	117~120	45~48	−25.5	−6.3	−8.5
84	108~111	42~45	−29.4	−4.4	−8.7	112	117~120	48~51	−25.9	−5.4	−8.4
85	111~114	21~24	−31	−7.7	−14	113	120~123	24~27	−29.9	−9.2	−16.6
86	111~114	24~27	−31.1	−7.4	−13.5	114	120~123	27~30	−30	−10.1	−14.8
87	111~114	27~30	−31.6	−6.5	−13.7	115	120~123	30~33	−29.9	−10.1	−13.2
88	111~114	30~33	−32.7	−6.8	−12.1	116	120~123	33~36	−30.7	−9.6	−13
89	111~114	33~36	−31.2	−6.1	−11.2	117	120~123	36~39	−27.5	−7.9	−11.7
90	111~114	36~39	−31.1	−5.5	−11	118	120~123	39~42	−25.8	−7.9	−10
91	111~114	39~42	−29.7	−5.1	−10	119	120~123	42~45	−26	−7.7	−9.5
92	111~114	42~45	−27.1	−3.7	−8.9	120	120~123	45~48	−24.9	−6.4	−9.4
93	114~117	21~24	−30.1	−8.4	−15.3	121	120~123	48~51	−23.9	−6.3	−7.9
94	114~117	24~27	−31.4	−9.1	−15.4	122	120~123	51~54	−23.2	−5.5	−7.5
95	114~117	27~30	−30.5	−8	−13.4	123	123~126	39~42	−24.8	−7.9	−10.3
96	114~117	30~33	−31.5	−8.5	−11.6	124	123~126	42~45	−25.1	−8	−10.2
97	114~117	33~36	−31	−7.3	−11.6	125	123~126	45~48	−23.7	−7.3	−8.5
98	114~117	36~39	−30.6	−6.6	−11.2	126	123~126	48~51	−23.1	−6.1	−8.2
99	114~117	39~42	−29.3	−5.9	−10.7	127	123~126	51~54	−22.8	−6.3	−7.7
100	114~117	42~45	−27.2	−4.8	−9.8	128	126~129	39~42	−24.5	−7.8	−10.4
101	114~117	45~48	−25.5	−5.6	−8.3	129	126~129	42~45	−23.1	−7.5	−10.6
102	114~117	48~51	−26.1	−5	−8.2	130	126~129	45~48	−23.8	−8	−9.5
103	117~120	21~24	−30.5	−9.3	−15.2	131	126~129	48~51	−23.4	−6.6	−9.2
104	117~120	24~27	−30.8	−9.3	−16.2	132	126~129	51~54	−22.2	−7.5	−7.5
105	117~120	27~30	−30.3	−7.9	−16.1	133	129~132	42~45	−23.7	−8.7	−10.8
106	117~120	30~33	−30.1	−9.4	−12	134	129~132	45~48	−20.8	−8.1	−8.9
107	117~120	33~36	−29.5	−8.4	−11.7	135	129~132	48~51	−21.9	−6.2	−9.6
108	117~120	36~39	−29.8	−8.4	−10.8	136	132~135	45~48	−25.2	−6.6	−13.7
109	117~120	39~42	−27.7	−6.9	−10.3	137	132~135	48~51	−21.3	−8.6	−9.4
110	117~120	42~45	−26.9	−7.1	−9.4						

三、转换结果及分析

根据上一节介绍的方法,运用到 GAMIT/GLOBK 软件解算获得测站 ITRF2008 坐标,采用魏子卿提供的中国大陆 3°×3°网格平均速度,进行坐标转换,输入数据列于表 8-6 中,结果显示于表 8-7 中,对比结果见表 8-8。

表 8-7　框架转换输入数据信息

点号	X(m)	Y(m)	Z(m)	V_x(m/yr)	V_y(m/yr)	V_z(m/yr)	历元
7461	−29＊＊＊19.56	46＊＊＊91.85	31＊＊＊20.88	−0.03	−0.01	−0.01	2017.40
7462	−29＊＊＊37.21	46＊＊＊01.14	31＊＊＊46.70	−0.03	−0.01	−0.01	2017.40
A008	−29＊＊＊86.56	47＊＊＊85.30	31＊＊＊29.93	−0.03	−0.01	−0.01	2017.40
CP01	−29＊＊＊08.33	47＊＊＊66.81	31＊＊＊30.13	−0.03	−0.01	−0.01	2017.40

表 8-8　ITRF08 转换到 CGCS2000 结果对比

点号	X(m)	较差(m)	Y(m)	较差(m)	Z(m)	较差(m)
7461	−29＊＊＊19.058 3	−0.013 0	46＊＊＊92.106 7	0.065 8	31＊＊＊21.096 6	0.011 5
	−29＊＊＊19.045 3		46＊＊＊92.040 9		31＊＊＊21.085 1	
7462	−29＊＊＊36.675 9	0.023 2	46＊＊＊01.281 5	−0.045 0	31＊＊＊46.881 7	−0.054 1
	−29＊＊＊36.699 1		46＊＊＊01.326 6		31＊＊＊46.935 8	
A008	−29＊＊＊86.045 0	−0.000 4	47＊＊＊85.510 1	0.021 5	31＊＊＊30.123 6	−0.039 5
	−29＊＊＊86.044 6		47＊＊＊85.488 6		31＊＊＊30.163 1	

注:测站上行为国家控制点 CGCS2000 坐标,下行为本书转换后的 CGCS2000 坐标。

从计算的结果中可以发现,转换坐标和国家测绘局购买的控制点 CGCS2000 坐标较差在 0.05m 左右;单独采用国家点约束平差求取 CP01 的 CGCS2000 坐标,对比用 IGS 站约束后坐标转换的结果较差三分量均优于 0.05m。

对于转换的结果精度在厘米级别,本书分析主要原因如下。

(1)GAMIT 基线解算模型存在误差;

(2)GLOBK 平差采用的策略对结果造成的偏差;

(3)历元转换中的速度场对最后的结果影响很大,本书站点速度场采用平均速度,和实际情况存偏差,条件允许可以采用局域欧拉矢量法获得更高精度的速度值;

(4)IGS 提供的 ITRF 框架转换参数速度是常数,长时间跨度是否会存在不一致,有待考证。

第二节　GAMIT＋CosaGPS 在工程中运用

基于全球卫星定位系统(GPS)的现代测量理论和技术改变了传统的测量模式，使工程测量行业发生了革命性变化，测量外业工作自动化程度大大提高，测量内业软件的作用更加重要。为了满足工程测量单位对 GPS 数据处理的要求，在分析研究 GPS 数据处理理论的基础上，武汉大学研制了自主版权的 CosaGPS 软件系统，该软件具有如下特点：①功能全面，符合多种规范要求；②整体性好，输出成果内容全；③解算容量大，运算速度快；④操作简明，使用方便。

正是基于上面的原因，利用 CosaGPS 网平差比 GLOBK 更方便，更适合工程方面的应用。利用 GAMIT 进行基线处理，可以输出两种格式的基线解算结果文件，分别称为 q 文件(详细格式)和 o 文件(简要格式)，每个文件中有两处地方含有基线向量数据，第二处是 CosaGPS 平差所需要的数据，为了获取该部分数据，应在该部分的上一行加入 CosaGPS 识别标志。

(1) GAMIT q 文件中基线格式为：

Baseline vector(m): NRC1　　　(Site 1) to SCH2　(Site 2)
X335859.60307 Y956232.16605 Z668091.18766 L1213889.39504
＋－　0.01345 ＋－　0.01506 ＋－　0.02364 ＋－　0.00667　(meters)
Correlations(X－Y,X－Z,Y－Z)＝　－0.12947　－0.08323　－0.84194

应在文件的后部分第一条基线的 Baseline vector 的前一行加入的识别标志是：

COSAGPS FOR GAMIT Q-FILE

(2) 对于 GAMIT o 文件格式的基线文件(文件中每条基线占一行，此处显示为多行)：

0011_0014 2001.238X X　　　－3324.5802 ＋－　0.0029 Y　　　282.5566 ＋－
0.0044 Z　　　－3274.0067 ＋－　0.0030 L　　　4674.5900 ＋－　0.0014
Correlations(X－Y,X－Z,Y－Z)＝　－0.82053　－0.78890　0.84825

加入的识别标志是：

COSAGPS FOR GAMIT O-FILE

实例分析

本书使用新疆叶城某煤矿区控制网的一个时段数据进行解算，表 8-9 是测站野外观测记录信息。根据相关文献和经验，选择了 Urum、Guao、Chum、Pol2 和 Sele 五个 IGS 基准站参与计算，其中 Urum、Guao、Pol2 和 Sele 四个点作为 CosaGPS 网平差的已知点，Chum 作为计算结果的检核点。在 SOPAC(http://sopac.ucsd.edu/processing/coordinates/sector.shtml)上下载 2010 年 7 月 30 号的 WGS84 坐标值，表 8-10 中列出了详细数据。

表8-9 测站野外观测记录信息

点名	仪器号	接收机型号	天线类型	天线高(m)	观测时间
P01	2034	Trimble 5700 双频	ZEPHYR(测量至槽口顶部)	1.205	2010-7-30 12:53—19:28
P02	2028	Trimble 5700 双频	ZEPHYR(测量至槽口顶部)	1.293	2010-7-30 13:42—19:20
P03	2061	Trimble 5700 双频	ZEPHYR(测量至槽口顶部)	1.261	2010-7-30 14:00—19:18

表8-10 IGS基准站的WGS1984坐标及精度

点名	时间	x(m)	y(m)	z(m)	x_sig	y_sig	z_sig
Urum	2010.5767	19***0.454	46***51.307	43***11.499	0.002	0.005	0.005
Guao	2010.5767	22***8.833	46***46.916	43***28.513	0.001	0.002	0.002
Chum	2010.5767	12***50.646	45***79.953	43***68.521	0.002	0.003	0.003
Pol2	2010.5767	12***71.218	45***90.121	43***78.841	0.002	0.003	0.003
Sele	2010.5767	10***90.456	45***57.109	43***20.809	0.002	0.004	0.004

利用 GAMIT 解算基线时,在获得测站信息文件 station.info 的第 4 步时,按照表 8-9 中天线类型天线高修改矿区控制点的信息。其他解算按照步骤进行,参数都采用默认值。

基线解算结果文件 q2010a.211,其中 Prefit nrms 和 Postfit nrms 分别为 0.48326E+00 和 0.15302E+00(小于 0.2),基线解算通过。

按照本书叙述的方法,利用 CosaGPS 进行网平差,解算的结果如表 8-11 所示。

表8-11 CosaGPS三维平差后坐标(X,Y,Z)

序号	点名	X(m)	Y(m)	Z(m)	Mx(cm)	My(cm)	Mz(cm)	Mp(cm)
1	Urum	19***30.454	46***51.307	43***11.499				
2	Guao	22***78.833	46***46.916	43***28.513				
3	Pol2	12***71.218	45***90.121	43***78.841				
4	Sele	10***90.456	45***57.109	43***20.809				
5	2028	11***10.322	49***48.308	38***26.320	0.34	0.92	0.79	1.26
6	2034	11***06.478	49***14.357	38***16.903	0.32	0.79	0.63	1.06
7	2061	11***53.817	49***60.803	38***71.555	0.39	0.91	0.74	1.23
8	Chum	12***50.649	45***79.955	43***68.522	0.37	0.61	0.51	0.87

从表 8-11 中的结果可以看出，解算的精度达到了厘米级，足够满足矿区的 GPS 精度要求。另外，如果需要得到北京 1954 坐标系和西安 1980 坐标值，可以利用 CosaGPS 自带的坐标转换工具实现不同坐标系之间的转换。

第三节 GAMIT/GLOBK 解算北斗卫星数据

随着 GNSS 技术的不断发展与进步，我国北斗卫星系统和欧洲的伽利略卫星系统加速部署，以及美国的 GPS、俄罗斯的 GLONASS 的现代化改造，等到 2020 年全球将有大于 100 颗导航定位卫星和 12 种不同频率的载波信号。

最新版本的 GAMIT/GLOBK 已经发展到 10.61 版本，并能够支持 GNSS 数据处理，可以单独处理 GPS（美国）、BDS（中国）、Galileo（欧盟）、IRNSS（印度）的观测数据，暂不支持 GLONASS（俄罗斯）、QZSS（日本）的解算。之所以还不能多星座联合解算，有如下原因。

（1）GAMIT 采用双频观测消除电离层，而跨星座的不同频率信号暂时难以在 GAMIT 当前结构下实现；处理同时接收到的不同星座超过两个频率的观测值，需要开发新的算法。

（2）目前 GLOBK 中还没有实现将多个不同的卫星系统的解文件（h 文件）自洽的综合在一起，并估计测站坐标和速度结果。

（3）尽管 GNSS 系统算法日趋成熟（改进轨道和系统间信号偏差的技术进步），但尚不清楚联合处理是否会对长时段观测的毫米级定位结果有明显的改善。

截至 2018 年 2 月 4 号北斗在轨可用卫星数达到 24 颗，其中北斗二代卫星 15 颗，北斗三代卫星 9 颗，图 8-3 显示了北斗卫星系统信号跟踪情况。本书利用 GAMIT/GLOBK 10.61 版本，解算中国 MGEX（The Multi-GNSS Experiment，MGEX）项目大陆地区测站 2017 年 001～200 间北斗静态连续观测数据，同时对比 GPS 解算的精度，分析北斗独立高精度解算效果，为今后北斗系统广泛的科研及工程运用做些前期实验准备。

1. RINEX 3 应用

基于近年发展起来的多模 GNSS 实验跟踪网（MGEX）是 IGS 组织在全球范围内建设的跟踪、整理和分析多星座信号的试点项目，表 8-12 罗列了中国境内 MGEX 测站的情况。MGEX 已经大量使用采用最新的 RINEX 3.x 版本，从 3.03 版本开始全面支持北斗导航定位数据，标志着北斗完整进入 RINEX 标准。

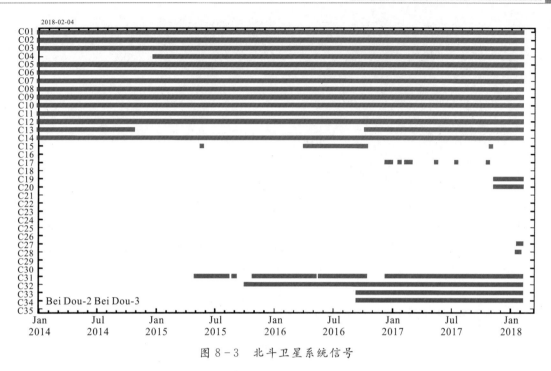

图 8-3　北斗卫星系统信号

表 8-12　中国境内 MGEX 测站统计表

测站	城市	纬度(°)	经度(°)	海拔(m)	卫星系统
HKSL	香港屯门	22.3720	113.9280	95.3	GPS+GLO+GAL+BDS+QZSS+SBAS
HKWS	香港黄石	22.4343	114.3354	63.8	GPS+GLO+GAL+BDS+QZSS+SBAS
JFNG	武汉九峰	30.5156	114.4910	71.3	GPS+GLO+GAL+BDS+QZSS+SBAS
LHAZ	拉萨	29.6573	91.1040	3622.0	GPS+GLO+GAL+BDS
URUM	乌鲁木齐	43.8080	87.6007	858.9	GPS+GLO+GAL+BDS
WUH2	武汉市	30.5317	114.3573	25.8	GPS+GLO+GAL+QZSS+SBAS
KMNM	台湾金门	24.4638	118.3886	49.1	GPS+GLO+GAL+BDS+QZSS
NCKU	台湾台南	22.9967	120.2226	98.2	GPS+GLO+GAL+BDS+QZSS
TWTF	台湾桃源	24.9536	121.1645	203.1	GPS+GLO+QZSS+SBAS
CKSV	台湾台南	22.9989	120.2200	59.6	GPS+GLO+GAL+BDS+QZSS

RINEX 3.x 版本与之前的 2.x 版本相比,对之前的文件类型做了较大幅度的修改,将文件格式精简为观测文件、导航文件和气象文件 3 种,并能够更好地提供对多卫星系统的支持。新的 RINEX 格式抛弃了以往在文件扩展名中加入观测年的特点,只包含两种扩展名:.rnx 表示标准的 RINEX 文件,.crx 表示压缩过的 Compact RINEX 格式,统一的后缀名更易于被操作系统、文本编辑器和人类识别。新的 RINEX 文件命名方式为:

<SSSS><MR><CCC>_<S>_<YYYYDDDHHMM>_<NNN>_<FRQ>_<TT>.<FMT>.gz

文件名各部分释义：

<SSSS>为观测站点名。

<MR>为接收机编号。

<CCC>为3位ISO 3166-1标准的国家代码，标识站点位置，中国代码CHN。

<S>为数据源，即数据来源于接收机(R)还是数据流(S)。

<YYYYDDDHHMM>为观测开始时刻(年、年积日、时、分)。

<NNN>为观测时段长度，01D＝1 day。

<FRQ>为观测时的采样间隔或采样频率。

<TT>为包含的卫星系统和数据类型，第一位表示卫星系统(M：Mixed、G：GPS、R：GLONASS、C：BeiDou-2/COMPASS、E：Galileo、J：QZSS、I：IRNSS)；第二位为数据类型，即观测文件(O)、导航文件(N)或气象文件(M)。

<FMT>为扩展名，扩展名只有两种：rnx 或 crx。

.gz为压缩格式。

广播星历(Broadcast Ephemerides)文件名中不包含<FRQ>观测时的采样间隔或采样频率，统一都是15min间隔。

最新的GAMIT/GLOBK 10.61程序已经能够处理RINEX 3格式的文件输入，能够在不进行格式转换的情况下，直接对RINEX 3的观测或星历数据进行处理，但目前的程序尚不能支持RINEX 3格式命名的文件名。为了处理这个问题，GAMIT/GLOBK 10.61提供了 sh_rename_rinex3脚本。该脚本可以将RINEX 3格式的文件名更改为RINEX 2格式的文件名：

```
sh_rename_rinex3 -f rinex3/ *.rnx -d rinex/
```

2. GAMIT 解算北斗卫星观测数据

解算示例使用了MGEX项目于2017年01月01日至07月19日观测的多系统GNSS数据，包括：多系统混合广播星历文件p文件、IGS 的 CDDIS 数据中心多系统精密星历sp3文件。因为WUH2(武汉站)和TWTF(桃源站)不包含北斗卫星接收数据，故只下载其他8个观测站的 RINEX 3 格式观测文件。文件下载方法如下。

(1)混合广播星历p文件：sh_get_nav 指定下载机构CDDIS，另外需要指定参数 navdir(从CDDIS下载的目录，navmgex是多卫星的，navalt仅是GPS的)。

示例：

```
sh_get_nav -archive cddis  -yr 2017 -doy 001 -ndays 200 -navdir navmgex
```

(2)多系统精密星历sp3文件：sh_get_orbits 指定下载机构CDDIS，在命令参数中必须指定类型-type msp3，-center com，也就是合并后的精密星历。

示例：

sh_get_orbits -archive cddis -yr 2017 -doy 001 -ndays 200 -type msp3 -center com

（3）RINEX 3.x 格式观测数据，从如下网址 ftp://igs.bkg.bund.de/IGS/obs/ 选择相应天数的数据。

解算数据准备好以后，GAMIT 多系统独立解算过程大同小异，只是在解算北斗卫星数据时加入-gnss C 参数（GPS 解算，默认为-gnss G），数据解算策略见表 8-13。

参数说明：

-expt：指定 4 个字符的项目名称。

-s：指定需要处理的时间序列，例如-s 2018 001 005，指处理 2018 年第 1~5 天。

-orbit：卫星轨道类型，多星用 COM1，GPS 单独可以使用 IGSF。

-gnss：设置解算卫星系统（G、R、C、E、J、I，默认为 G）。

-noftp：处理过程中不连接 ftp 下载数据。

-pres：设置绘制卫星天空图、相位与高度角关系图，默认 No。

-dopt：数据处理完成后待删除的文件类型，例如-dopt D ao c x。

表 8-13 GAMIT 解算参数设置

参数类型	参数设置
数据采样间隔	30s
Choice of Observable	LC_AUTCLN
Choice of Experiment	BASELINE
Type of Analysis	1-ITER
Etide model	IERS03
Tides applied	31
全球海潮模型	otl_FES2004.grid
Elevation Cutoff	10
Interval zen	2
Antenna Model	NONE
Inertial frame	J2000
DMap	GMF
WMap	GMF

```
sh_gamit -expt chen -s 2017 001 200 -orbit COM1 -gnss C -noftp -pres ELEV -dopt D ao
c x ＞ sh_gamit.log
```

3. 北斗与 GPS 独立解算精度评估

GAMIT 分别独立解算北斗和 GPS 观测数据，获得两种星座定位基线结果，两个系统的每日解 NRMS 均在 0.2 左右，相差无几，且都满足要求。图 8-4 显示 2018 年 001 日 JFNG 站分别观测到北斗和 GPS 卫星天空图，其中红色表示卫星轨道，黄色和绿色表示正负残差；同一个地点在各个时间段有高残差预示着存在多路径效应，同一个地点在特定的时间段有高残差预示着存在水波折射。在 24h 观测周期内，时间窗口为 4h（6 个天空图），一共观测到北斗卫星 14 颗（4 颗 MEO，5 颗 IGSO，5 颗 GEO）、GPS 卫星 32 颗。

图 8-5 显示了相位与高度角评定精度，图 8-5(a) 为北斗数据整体趋势线在有的高角度离开蓝色中线，表明卫星信号受到了电磁干扰；8-6(b) 为 GPS 数据红色线整体趋势线平缓，在蓝色中线上下均匀波动，表明数据质量较好。

表 8-14 对比 JFNG 站 2017 年 001～200 北斗和 GPS 观测数据的整周模糊度解算，北斗比 GPS 有较低的窄巷(NL)百分比，表明有较差的伪距观测值，这是因为只观测到 4 颗北斗 MEO 卫星。此外，北斗数据整周模糊度解算的窄巷(NL)与宽巷(WL)相比有较低的百分比，表明北斗卫星几何分布较差或存在大气误差。

表 8-14 整周模糊度的解算对比

系统	宽巷(WL)	窄巷(NL)
北斗	75.0%	50.0%
GPS	96.7%	93.3%

评价站坐标精度的指标是多时段基线重复性和多时段坐标重复性，因此求取了 2017 年 001～200 之间的每日解，以此求得北斗和 GPS 独立解算的基线重复性。表 8-15 显示解算结果，本次解算 GPS 的基线重复性精度较高，各方面均比北斗好。

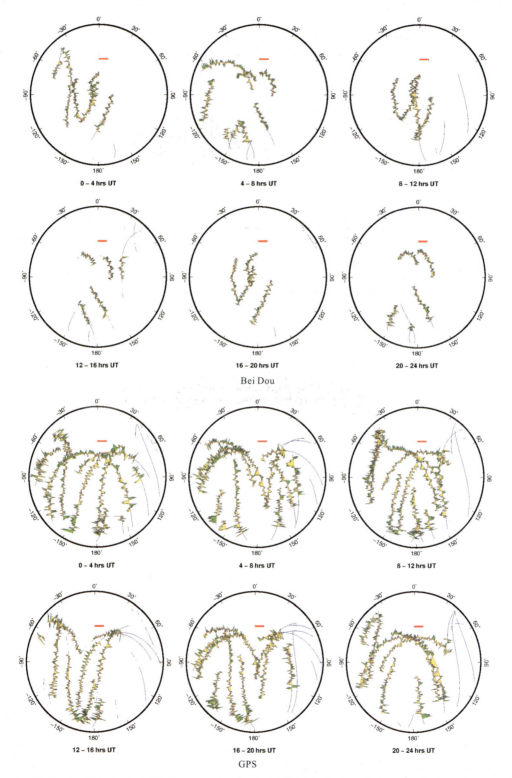

图 8-4　JFNG 站 2017 年 001~200 卫星天空图(上面表示北斗,下面表示 GPS)

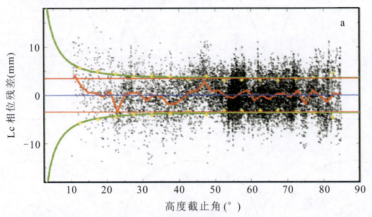

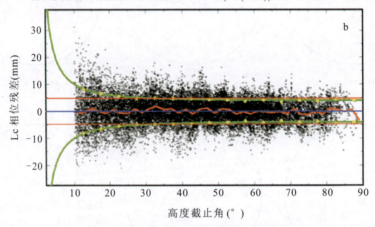

图 8-5　JFNG 站相位与高度角评定精度

a 为北斗；b 为 GPS

表 8-15　基线重复性的常数部分和比例部分

系统	基线重复性指标	北	东	高	基线长
北斗	常数部分(mm)	4.96	8.96	11.86	5.06
	比例部分(ppb)	1.55	1.88	3.25	12.11
GPS	常数部分(mm)	1.55	1.66	5.61	1.61
	比例部分(ppb)	1.46	1.87	2.34	1.63

注：$1\text{ppb}=10^{-9}$。

第四节 CORS 基准站稳定性分析

GNSS 已被广泛运用到地壳形变的研究上,而将 GNSS 资料制成时间序列后,可以分析 GNSS 的连续观测资料得到测站点与时间及空间的关系,进而推估出各种构造,获得与地壳形变之间的关联性。厦门市位于北东向长乐-诏安深大断裂带与东西向南靖-厦门断裂带交接部位。区域构造位置属于闽东燕山断坳带、闽东南沿海变质带的组成部分。利用厦门市境内的连续 GNSS 观测站长时间的监测地表位移,能够有助于探索区域地壳运动情况。

本书使用 GAMIT/GLOBK 软件计算了厦门区域 2013—2015 年间的 GNSS 观测数据,分析时间序列的噪声模型和周期特性,获得了较为干净的 GNSS 速度场,这对更好地评价厦门区域 CORS 基准站的稳定性、保障厦门市现代大地坐标框架的时效性有重要意义。

1. 数据处理

采用 MIT 和 SIO 研制的 GAMIT/GLOBK 10.5 软件对基线进行处理,在 ITRF2008 框架下,选取中国周边的 21 个 IGS 站(aira、artu、bako、bjfs、daej、guam、hyde、iisc、irkt、kit3、lhaz、nril、ntus、pimo、pol2、shao、tnml、ulab、urum、wuhn、yakt)作为约束(水平方向 0.025m,垂直方向 0.050m)。

利用 GAMIT/GLOBK 软件计算厦门区域内的 6 个 GPS 连续观测站 2013—2015 年数据,获得了多年的连续时间序列资料,解算策略如表 8-16 所示。对于 GNSS 时间序列资料的分析,通常需要考虑长期的周期运动、同震变形以及震后变形,GNSS 单站、单分量坐标序列一般用下列非线性模型来表示:

$$y(t_i) = a + bt_i + c\sin(2\pi t_i) + d\cos(2\pi t_i) + e\sin(4\pi t_i) + f\cos(4\pi t_i) + \sum_{j=1}^{n_g} g_j H(t_i - T_{kj}) + \sum_{j=1}^{n_h} h_j H(t_i - T_{hj}) t_i + \sum_{j=1}^{n_k} k_j \exp(-(t - T_{hj})/\tau_j) H(t_i - T_{hj}) + v_i$$

(8-5)

其中,t_i 是以年为单位;系数 a、b 分别代表地壳位置和线性变换率;系数 c、d、e、f 描述了周年运动和半周年运动振幅;系数 g_j 代表地震造成的同震位移;系数 h_j 表示震后地壳运动速度的改变量;系数 k_j 描述震后变形呈指数衰减的现象;$H(t)$ 为阶跃函数;τ_j 为松弛时间;v_i 为残差。

表 8-16 GAMIT 解算模型和参数设置

参数设置	参数设置
数据采样间隔:30s	高度截止角:10°
观测值选择:LC_AUTCLN	垂直分量延迟参数:2
解算方式:RELAX	天线相位中心改正模型:AZEL
分析类型:1-ITER	惯性坐标系:J2000
固体潮模型:IERS03	对流层气象元素:GMF
加潮汐改正:31	
全球海潮模型:otl_FES2004.grid	

2. 噪声分析

GNSS 原始时间序列扣除拟合值后的噪声时间序列,可以用频谱定性分析噪声的类型。频谱分析是一种在频率域上分析信号的方法。噪声时间序列在频谱域上的功率谱可以使用式(8-6)的形式表示

$$P(f) = P_0 \left(\frac{f}{f_0}\right)^k \tag{8-6}$$

其中,f 是频率;P_0 和 f_0 是常数;k 是谱指数,通常介于 -3 到 1 之间的任意实数,其中整数 k 代表一些特殊的噪声类型。

计算发现 6 个站点的三分量噪声的谱指数 k 介于 $-0.6 \sim 0$ 之间,因此可以判断"WN+FN"是最佳噪声模型。图 8-6 中可以看出,频率为 1 和 2 时,存在明显凸起,这说明数据中存在周期为 1 年和半年的周期波动。

若需要求取年周期和半年周期,使用-sinusoid 来控制。为求解年正弦曲线,使用--sinusoid 1y;为求解年和半年正弦曲线,使用--sinusoid 1y1。其他更详细的控制参数可以参见 CATS 的使用者操作手册。

为了比较噪声模型对分析结果的影响,CATS 软件分别对同一批资料进行 WN 模型分析和"WN+FN"模型分析,GNSS 连续观测数据在时间序列分析的过程中,最常被考虑到的是地震相关的修正模型参数与长周期的变动。例如同震造成的时间序列不连续,震后的异常活动,更或是季节性的变化等。但最基本的就是测站的线性变化,也就是速度项。因此以速度项的模型结果,作为探讨比较的重点。

例如：

```
cats --model pl:k-1 --model wh: --columns 7 --sinusoid 1y1 --verbose --output fn_wn.
XMJM XMJM_CATS.neu
cats --model wh: --columns 7 --sinusoid 1y1 --verbose --output wn.XMJM XMJM_
CATS.neu
```

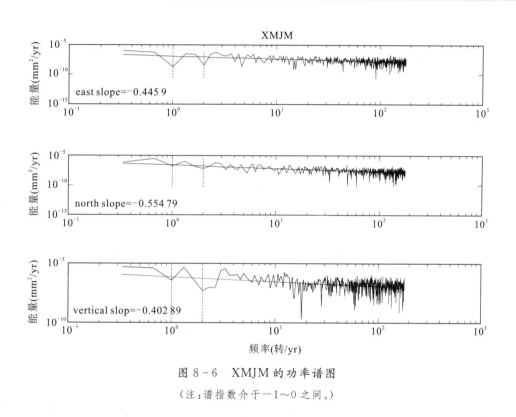

图 8-6　XMJM 的功率谱图

（注：谱指数介于 -1~0 之间。）

表 8-17 列出时间序列分析后部分测站的东西、南北与垂直三分量的速度值，其中每一测站横栏上方为经过噪声模型"全频等幅杂波＋闪变杂波"（"WN＋FN"）处理分析的结果，下方则没有经过噪声模型分析（WN）。结果指出，没有使用噪声处理，模型参数的误差将明显被低估。其中，位于误差后面的常数是两者误差的倍数，经过噪声处理后的模型误差在东西、南北和垂直方向约为原本的 6.7、5.9 和 6.0 倍。换言之，若没有考虑时间序列中时间相关的噪声，误差将被低估约 6 倍。厦门地区连续 GNSS 站点分布在 ITRF2008 框架下 2013—2015 年间速度场绘制于图 8-7，图 8-7(a)是水平速度场，图 8-7(b)是垂直速度场。

表 8-17 时间序列分析结果，测站的东西、南北、垂直三分量的速度值及误差

测站位置	Vn(mm)	精度(+-)	倍数	Ve(mm)	精度	倍数	Vu(mm)	精度	倍数
XMDD	−12.2035	0.7634	7.12	31.0414	0.5365	5.78	0.8297	1.5344	6.42
	−12.1979	0.1072		30.5192	0.0929		1.3860	0.2391	
XMDF	−8.8959	0.8139	6.73	28.5785	0.6684	6.01	−1.0942	1.6033	6.21
	−8.4902	0.1210		27.4655	0.1113		−0.7644	0.2583	
XMDM	−12.6914	0.7742	7.05	31.2587	0.6388	6.30	2.3814	1.7042	7.00
	−12.9801	0.1098		30.8054	0.1014		3.3000	0.2436	
XMJM	−13.1705	0.7457	6.80	32.0352	0.5793	6.04	1.2268	1.5464	6.18
	−13.2446	0.1096		31.3396	0.0959		2.1800	0.2504	
XMJY	−12.8266	0.8113	5.70	31.1031	0.7261	5.39	−0.3213	1.3045	3.98
	−13.5614	0.1424		30.7741	0.1348		0.4681	0.3276	
XMZC	−12.8073	0.8180	6.81	30.3794	0.6424	5.78	1.6609	1.7992	6.01
	−13.1848	0.1202		30.1151	0.1111		2.2215	0.2996	

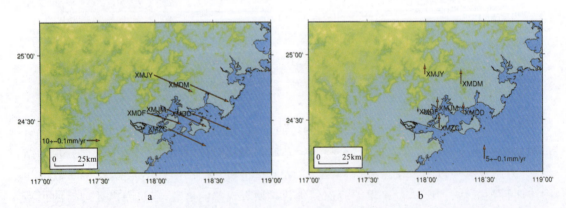

图 8-7 厦门境内连续 GPS 站点分布示意和 ITRF2008 框架下 2013—2015 年间速度场示意

a. 水平速度场；b. 垂直速度场

第五节 联合 GPS 和 GRACE 研究青藏高原南部地区垂直形变的季节性波动

运用 GPS 对地壳进行监测,主要是在一系列固连在稳定基岩上的地面观测墩进行观测,以此来监测地壳的运动,从而反映地球内部的构造运动。然而,季节性的水圈运动会引起岩石圈的周期性位移,GPS 的观测数据中必然会包含非地球内部构造运动引起的地表位移。部分学者开始关注这一现象,并对区域或全球由陆地水(主要为土壤水和冰雪等)、大气、海洋和海洋非潮汐等负荷变化引起的 GPS 连续站季节性变化(尤其是垂直方向)进行了研究。如何改正 GPS 观测中非构造运动引起的地表位移,是目前的研究热点。青藏高原南部地区,受到夏季季风的影响,降水呈现显著的季节性效应,由此导致该区域的 GPS 台站存在季节性波动,该季节性波动是应用 GPS 进行青藏高原地区构造运动研究的一项重要误差。

重力卫星 GRACE(Gravity Recovery and Climate Experiment),以前所未有的精度和分辨率获取全球时变重力场信息,其提供时变重力场模型可反映非大气、非海洋的质量随时间变化的规律。GRACE 重力卫星对陆地水负载敏感,可定量地分析陆地水变化,在季节性尺度上,对陆地区域而言,主要表现为陆地水储量的变化。因此,用 GRACE 改正 GPS 观测站的季节性变化是一条比较理想的途径。本书的思路就是利用 GRACE 重力卫星观测到的季节性效应去改正 GPS 台站时间序列中的季节项并评估其有效性。

本书的研究区域位于青藏高原南部,使用 CSR(Center for Space Research)提供的 GRACE 重力数据,GPS 数据采用中国大陆构造环境监测网络的 GPS 基准站和境外(主要分布在尼泊尔)的 GPS 连续站;LHAZ 站为"陆态网络"Ⅰ期站点,从 1998 年开始观测;国内其余站点均为"陆态网络"Ⅱ期站点,从 2010 年开始记录数据;境外站点由加州理工大学(Caltech)布设,观测时间相对较长,跨度在 1997—2013 年。图 8-8 和表 8-18 分别展示了站点分布和观测时间的详细信息。

一、大地测量数据及其处理

1. GPS 数据处理

GPS 数据处理采用 GAMIT/GLOBK 10.5 软件,其应用双差观测量可以消除卫星钟差和接收机钟差的影响,从测站每日记录的相位和伪距数据计算当日测站坐标三分量及其方差-协方差,每日形成一个测站坐标解算结果文件(单日解)。计算时固定模糊度,使用 IGS 的精密轨道,绝对天线相位中心模型,对流层模型采用全球映射函数(GMF)及全球气压和

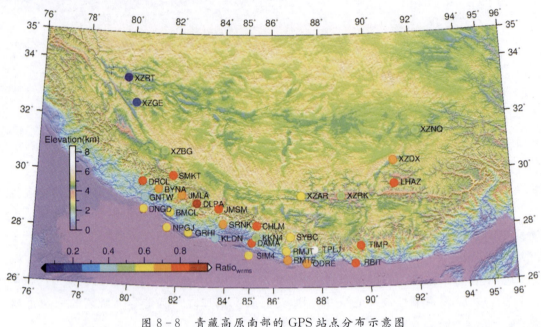

图 8-8 青藏高原南部的 GPS 站点分布示意图

（注：中国大陆内 GPS 点为"陆态网络"站点，尼泊尔和不丹境内 GPS 站点为加州理工布设。图中圆点不同颜色代表该点的 $Ratio_{WRMS}$ 大小，颜色从蓝绿红逐渐变化，越红表示 GPS 和 GRACE 一致性越好，改正的效果越明显。）

温度（GPT）模型提供的对流层干分量作为先验值；在海潮模型改正方面，为避免系统误差，并与 IGS 的精密轨道产品保持良好的自洽性；海潮改正模型选取 otl_FES2004.grid，并通过格林函数将其改正到地心（CM）参考框架。其中，还需要对获取的 GPS 垂直时间序列进行大气和海洋非潮汐改正。本书所使用的误差改正模型参考表 8-19。

采用上述解算策略和模型，获取测站的无基准单日解，通过相似变化得到 ITRF2008 坐标参考框架下各站点在 NEU 下各坐标分量的时间序列。

表 8-18 GPS 站点及观测时间信息

GPS 站名	纬度 (°)	经度 (°)	观测时间（年积日）	$Ratio_{WRMS}$	周年振幅(mm)		半周年振幅(mm)		相关系数
					GPS	GRACE	GPS	GRACE	
BMCL	28.66	81.71	2007.077—2013.160	0.62	5.78	4.88	3.03	1.91	0.57
BYNA	29.47	81.20	2009.106—2012.179	0.67	5.87	4.18	3.07	1.76	0.85
CHLM	28.21	85.31	2004.091—2013.240	0.80	6.89	5.83	3.18	1.77	0.50
DAMA	27.61	85.11	2004.001—2010.099	0.73	6.23	6.21	3.90	1.89	0.86
DLPA	28.98	82.82	2007.131—2013.091	0.85	6.42	4.86	2.26	1.79	0.67
DNGD	28.75	80.58	2008.128—2013.241	0.61	3.58	4.55	2.93	1.92	0.20

续表 8-18

GPS 站名	纬度 (°)	经度 (°)	观测时间 (年积日)	Ratio$_{WRMS}$	周年振幅(mm) GPS	周年振幅(mm) GRACE	半周年振幅(mm) GPS	半周年振幅(mm) GRACE	相关系数
DRCL	29.73	80.50	2008.073—2013.241	0.80	5.01	3.82	4.17	1.73	0.58
GNTW	29.18	80.63	2008.120—2012.182	0.44	9.68	4.26	4.40	1.84	0.72
GRHI	27.95	82.49	2007.128—2013.241	0.58	6.02	5.53	2.60	2.00	0.72
JMLA	29.28	82.19	2007.135—2013.241	0.70	6.95	4.53	4.76	1.76	0.83
JMSM	28.81	83.74	2004.124—2012.142	0.77	9.33	5.15	0.93	1.77	0.83
KKN4	27.80	85.28	2004.080—2013.241	0.50	10.48	6.11	3.70	1.84	0.75
KLDN	27.77	83.60	2004.102—2012.343	0.39	7.36	5.85	2.90	1.97	0.69
LHAZ	29.66	91.10	2009.001—2013.277	0.77	8.66	5.39	2.16	1.04	0.93
NPGJ	28.12	81.60	2007.139—2013.179	0.61	8.26	5.24	2.44	2.01	0.51
ODRE	26.87	87.39	2004.314—2013.153	0.70	10.01	7.11	3.13	1.77	0.62
RBIT	26.85	89.39	2004.001—2006.001	0.79	9.96	7.45	1.70	1.56	0.41
RMJT	27.31	86.55	2009.310—2013.215	0.65	11.17	6.67	5.79	1.80	0.92
RMTE	26.99	86.60	2008.266—2013.241	0.68	8.87	6.88	3.13	1.84	0.76
SIM4	27.17	84.99	2004.087—2010.098	0.63	10.19	6.48	4.03	1.96	0.82
SMKT	29.97	81.81	2008.139—2013.241	0.84	4.93	3.95	3.16	1.63	0.82
SRNK	28.26	83.94	2005.106—2012.157	0.72	4.56	5.57	3.69	1.86	0.82
SYBC	27.81	86.71	2008.277—2009.328	0.60	6.75	6.35	4.79	1.71	0.58
TIMP	27.47	89.63	2004.001—2008.095	0.77	10.28	7.05	2.75	1.47	0.79
TPLJ	27.35	87.71	2004.069—2013.091	0.96	6.56	6.85	1.30	1.68	0.46
XZAR	29.27	87.18	2011.117—2013.131	0.60	7.86	5.32	3.95	1.43	0.74
XZBG	30.84	81.43	2011.091—2013.131	0.49	7.08	3.26	3.45	1.45	0.68
XZDX	30.48	91.10	2010.263—2013.131	0.68	6.96	4.72	3.84	0.94	0.88
XZGE	32.52	80.11	2010.343—2013.131	0.25	2.98	1.97	4.63	1.12	0.44
XZNQ	31.49	92.11	2010.255—2013.131	0.50	6.42	4.03	4.93	0.75	0.82
XZRK	29.25	88.87	2011.160—2013.131	0.53	7.23	5.55	4.95	1.29	0.71
XZRT	33.39	79.72	2012.299—2013.131	*0.07	*30.83	1.56	*17.14	0.93	0.38

注：*表示该数据存在异常的情况，可能是数据观测周期太短，受到异常值的影响较大。

2. GRACE 数据处理

目前提供 GRACE 产品的机构有法国的 GRGS(Space Geodesy Research Group)、美国的 CSR、德国的 GFZ(GeoForschungsZentrum)和美国的 JPL(Jet Propulsion Laboratory)，其中除了 GRGS 的 RL02 产品为 10 日解，其他产品均为月解。

GRGS 的 RL02 为 50 阶重力场模型，数据分析时已经考虑高阶截断带来的误差影响，因此无需进行平滑滤波处理。由于其解算的 10 日重力场模型中已使用 LAGEOS(laser geodynamic satellite 激光地球动力卫星)的观测数据进行修正，使其低阶系数，尤其 C20 得到了很好的约束，因此无需再用 SLR 的 C20 进行替换。GRACE 的所有产品都基于 CM 框架，不提供一阶项，Swenson 等在 2002 年利用重力场球谐系数之间的关系以及海底压强模型约束得到了一阶项并验证其有效性，本书采用 Swenson 的一阶项结果。

CSR、GFZ 和 JPL 的 Level-2 RL05 需平滑处理以消除截断误差和抑制高阶项噪声，本书采用高斯平滑滤波方法，选取平滑半径为 400km；GRACE 轨道存在系统误差，需要用 SLR 计算的 C20 替换 C20 项(对 Level-2 RL05 数据，GFZ 的产品无需替换 C20，CSR 和 JPL 则需替换)；另外由于 GRACE 数据同次不同阶之间存在相关性，需要进行去相关性处理。本书使用 CSR 提供的 RL05(Level-2 Release-05)月重力场产品 GSM(GRACE Satellite only Model)，时间跨度为 2002—2014 年。

表 8-19 误差改正模型

参数类型	参数设置
数据采样间隔	30s
Choice of Observable	LC_AUTCLN
Choice of Experiment	RELAX
Type of Analysis	1-ITER
Etide model	IERS03
Tides applied	31
全球海潮模型	otl_FES2004.grid
Elevation Cutoff	10
Interval zen	2
Antenna Model	AZEL
Inertial frame	J2000
DMap	GMF
WMap	GMF

3. GRACE 数据反演地表垂直变形

根据 Wahr 1998 年提出的理论，GRACE 反演地表垂直位移的数学表达式如下：

$$\Delta h = a \sum_{l=0}^{\infty} \sum_{m=0}^{l} \overline{P}_{lm}(\cos\theta) [\Delta C_{lm} \cos(m\varphi) + \Delta S_{lm} \sin(m\varphi)] \frac{h'_l}{1+k'_l} \quad (8-7)$$

上式中的 h'_l 和 k'_l 为负荷勒夫数(Load Love numbers)，本书中采用 Farrell(1972)计算的数值。$(\Delta C_{lm}, \Delta S_{lm})$ 是 GRACE 的球谐系数产品。

另外，值得注意的是 GRACE 重力场的变化通过球谐系数的变化来体现，球谐系数的变化一般有 3 种方法进行计算：一是减去研究时间区内的平均系数值；二是减掉某一静态重力场模型的系数；三是减掉某一月的系数值。本书采取第一种计算方法，减去 2002—2014 年间的平均系数值。

二、GPS 和 GRACE 反演垂直形变结果分析

1. 周期项及振幅

GPS 时间序列资料的分析，通常考虑长周期运动、同震变形以及震后变形等因素。GPS 单站、单分量坐标序列一般用下列周期性模型来表示

$$y(t_i) = a + bt_i + c\sin(2\pi t_i) + d\cos(2\pi t_i) + e\sin(4\pi t_i) + f\cos(4\pi t_i) + \sum_{j=1}^{n_g} g_j H(t_i - T_{gj}) + v_i \quad (8-8)$$

其中，t_i 以年为单位；系数 a、b 分别代表地壳位置和线性变换率；系数 c、d、e 和 f 描述了周年和半周年运动振幅；系数 g_j 代表地震造成的同震偏移(offset)；$H(t_i - T_{gj})$ 为阶跃函数；v_i 为残差值，代表观测值与预测值间的差异。

剔除地震同震偏移和台站阶跃影响，GPS 和 GRACE 的周期性分析可简化成式(8-9)，仅包含线性项和周年项(即周期为一年，周期为 1 的项即为周年项)、半周年(周期为 1/2)项：

$$y(t_i) = a + bt_i + A_{\text{ann}} \sin(2\pi t_i + \varphi_{\text{ann}}) + A_{\text{semi-ann}} \sin(4\pi t_i + \varphi_{\text{semi-ann}}) + v_i \quad (8-9)$$

其中：

$$A_{\text{ann}} = \sqrt{c^2 + d^2}$$

$$\varphi_{\text{ann}} = \arctan(d/c)$$

$$A_{\text{semi-ann}} = \sqrt{e^2 + f^2}$$

$$\varphi_{\text{semi-ann}} = \arctan(f/e)$$

GPS 结果中包括由地理物理现象造成的长期线性项(例如板块运动和冰后回弹等)，而本书重点关注 GPS 站坐标时间序列的季节性波动，因此，首先扣除 GPS 时间序列中的趋势项部分，暂不对长期线性变化进行研究。根据式(8-9)，可获得 GPS 站坐标时间序列线性及周期项拟合结果，周年项及半年项参见表 8-18。从表 8-18 可以看出，GPS 站的垂向位移时间序列周年项振幅最大可达 11.17mm，半周年项振幅最大为 5.79mm(均为位于尼泊尔

境内的 RMJT 站)。

如图 8-9 所示为 CHLM 和 KKN4 GPS 站坐标时间序列的线性拟合与周期性拟合曲线,从图 8-9 中以可看出二者时间序列存在明显的周期性,GPS 周年振幅分别高达 6.89mm 和 10.48mm,这对地壳形变研究而言,都是不容忽视的误差;无论从相位还是振幅分析,CHLM 站上 GRACE 计算结果和 GPS 观测结果都吻合很好。

2. 相关性分析

对两种不同空间技术获取的时间序列,其周期性若存在相关,则存在两种可能。

(1)两个周期项实为同一周期,即由同一个物理因素所引起,由于所采用分析方法的不同或者分辨率和定位精度所限,而显现出两个周期。

(2)分别引起两个周期项的物理因素之间具有相关性。

因此,可采用 GPS 与 GRACE 之间的相关性来判断两者是否为同一周期项,或者由同一物理因素产生的周期振动。若相关性不显著,则需进一步探讨。

图 8-9 GPS 观测值及其拟合的线性部分和非线性部分与 GRACE 模型比较,以 CHLM 和 KKN4 为例。以上数据都去除了趋势项。

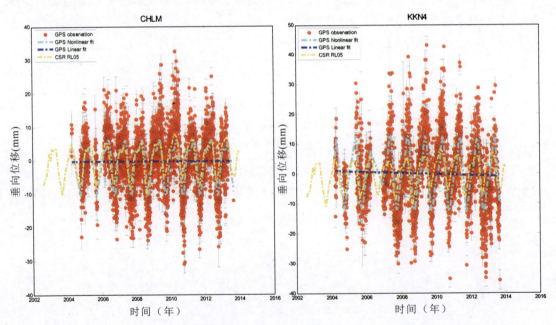

图 8-9 GPS 观测值及其拟合的线性部分和非线性部分与 GRACE 模型比较

图 8-10 为 GPS 观测值与 GRACE 反演模型数据在垂直向相关性图;颜色从蓝绿红逐渐变化,越红表示 GPS 和 GRACE 数据的相关度越高。

为了评估 GPS 与 GRACE 之间的相关性,使用式(8-10)计算 GPS 与 GRACE 时间序列之间的相关系数:

$$R = \frac{\frac{1}{n} \cdot \sum_{i=1}^{n} (c_i - \overline{c_i})(\Delta h_i^G - \overline{\Delta h_i^G})}{\sigma_i \cdot \sigma_{G_i}} \quad (8-10)$$

式中,n 为单日解的个数;$c_i(i=1,2,3,\cdots,n)$ 是 GPS 测站坐标序列的垂直分量(去掉趋势项);σ_i 是 GPS 测站时间序列垂直分量的中误差;Δh_i^G 是测站垂直分量的 GRACE 改正,σ_{G_i} 是 GRACE 对应的中误差;$\overline{c_i}$,$\overline{\Delta h_i^G}$ 是 c_i 和 Δh_i^G 分别对应的平均值。

比较 GPS 和 GRACE 时间序列的相关系数(表 8-18),发现 GPS 和 GRACE 获取的垂向位移时间序列存在一定相关性,多数站点的相关系数在 0.7 左右,特别是沿喜马拉雅造山带区域内的站点相关性更高;结合 GPS 观测与 GRACE 反演模型时间序列相关性的空间展布(图 8-10),可以看出二者存在一定的空间相关性。

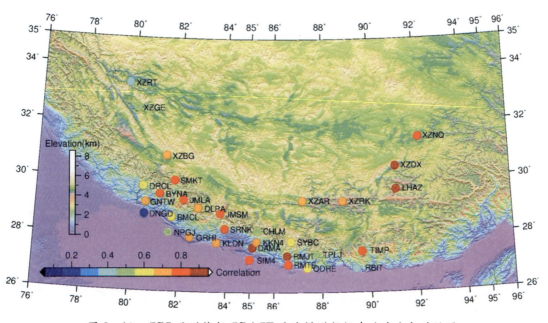

图 8-10 GPS 观测值与 GRACE 反演模型数据在垂直向相关性图

3. 一致性分析

为了更进一步论证 GPS 与 GRACE 垂直分量的周期(季节项为主)一致性,定量评估 GRACE 改正 GPS 数据的有效性,可估算改正前后 GPS 测站时间序列加权均方根误差(WRMS),公式如下:

$$WRMS_{GPS} = \sqrt{\frac{1}{n} \cdot \sum_{i=1}^{n} \frac{1}{\sigma_i^2} \cdot c_i} \quad (8-11)$$

$$WRMS_{GPS\text{-}GRACE} = \sqrt{\frac{1}{n} \cdot \sum_{i=1}^{n} \frac{1}{\sigma_i^2 + \sigma_{G_i}^2} (c_i - \Delta h_i^G)^2} \quad (8-12)$$

$WRMS_{GPS}$ 和 $WRMS_{GPS\text{-}GRACE}$ 分别表示 GPS 测站时间序列 WRMS 和经过 GRACE 改正

之后的 WRMS,当 $WRMS_{GPS-GRACE}$ 小于 $WRMS_{GPS}$ 说明附加 GRACE 季节项改正是行之有效。同样也比照上面公式估算 GPS 坐标时间序列扣除自身拟合后的 $WRMS_{GPS-GPSfit}$。

采用定量评估公式来计算 GPS 基准站的 WRMS 减小百分比,公式如下:

$$Ratio_{WRMS} = \frac{WRMS_{GPS} - WRMS_{GPS-GRACE}}{WRMS_{GPS} - WRMS_{GPS-GPSfit}} \quad (8-13)$$

$Ratio_{WRMS}$ 可反映 GPS 与 GRACE 时间序列年周期项在振幅相位上的一致性,当 $Ratio_{WRMS}$ 值为 1.0 时,表示 GPS 与 GRACE 分别拟合得到的周期项垂直变形完全一致。理论上,GPS 测站的 WRMS 减小比率不超过 1。通过上述式(8-13),分别计算了青藏高原南部的 32 个 GPS 测站的 WRMS 和 $Ratio_{WRMS}$ 值(参见表 8-18)。

进一步统计发现,经 GRACE 改正之后,GPS 的垂向位移时间序列 WRMS 减小,$Ratio_{WRMS}$ 的平均值达到了 0.64;各测站的 $Ratio_{WRMS}$ 值如图 8-11 所示。

图 8-11 显示了 GRACE 改正 GPS 垂向位移时间序列的效果;小圆点越靠近黄色方柱的底部,表示两者一致性越好,即 $Ratio_{WRMS}$ 数值也就也接近 1。从图中看到 $WRMS_{GPS-GRACE}$ 比 $WRMS_{GPS}$ 小,这说明利用 GRACE 改正 GPS 观测值是有效的。

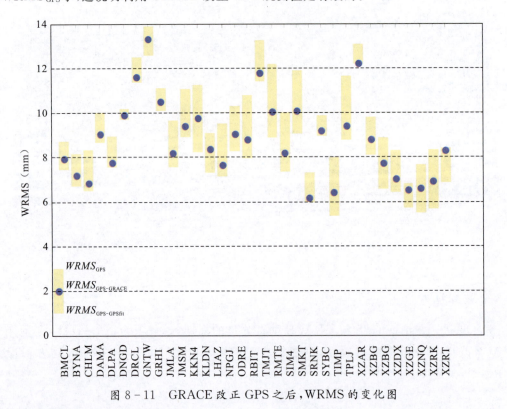

图 8-11 GRACE 改正 GPS 之后,WRMS 的变化图

三、结论

在 GPS 测站坐标时间序列中包含短周期(年—半年周期等)水文负荷造成的季节项,对

研究构造形变而言是一种噪声,需要剔除。本书利用青藏高原南部 GPS 站点多年观测资料,结合 GRACE 数据反演得到该地区的季节项波动,对比 GRACE 对陆地水敏感的特性并结合季节项出现的时间区间分析认为,青藏高原南部地区的季节项主要由夏季季风降水导致的水文负载变化引起。该地区 GPS 观测的垂向时间序列与 GRACE 反演的地表垂向位移存在相关性,多数站点相关性在 0.7 左右,使用 GRACE 观测获取的季节项对 GPS 测站时间序列进行改正,WRMS 有明显减小。$Ratio_{WRMS}$ 存在明显差异:最大和最小值分别是 0.96 (TPLJ) 和 0.24 (XZGE)。结合相关性与 $Ratio_{WRMS}$ 分析发现进一步研究发现不同区域季节项及其改正效果呈现较显著的局部特征,这也与夏季季风的影响范围和大小呈现一定的关联。除此之外,GPS 测站时间序列中还存在一些未模型化的误差也可能引起周期性变化,具体原因需要进一步分析。青藏高原南部地区内部不同地区构造运动强度、地表层的水负荷周期变化存在明显差异,其动力细节需要更进一步深入研究。

第六节 GAMIT 在陆态网络地壳形变监测与地震研究中的应用——以尼泊尔 Mw7.8 地震为例

地震是地壳变动、构造应变和震源体岩石突发性失稳破坏而迅速释放弹性应变能的具体表现。弹性地壳由于应力应变的积累而产生形变,纵观构造地震从孕育、发生到震后调整的全过程,都伴随着不同程度的地壳形变,因此开展针对地震孕育、发生和震后调整全过程的地壳形变监测研究,能够为地震监测与预报提供重要的参考依据。

大震机理研究是研究地震活动构造、地球内部结构、震源几何构造等地震学的基础,而对大震同震的研究又是基础的基础。GNSS 技术能够获取高精度的地震同震位移结果,特别是近场的同震位移结果,对断层的几何结构有很好的约束,为定量研究发震断层的破裂分布、破裂宽度和几何构造提供条件。高精度、高频率的 GNSS 监测扩充了强地面运动观测的频带范围,已成为宽频带地震学的有利补充和扩展。对于一些破坏力极强的大地震,地震仪易出现振幅饱和、速度或加速度积分出错、噪声放大和扭曲真实信号等现象,此外,由于地震仪震级估计保守,容易低估震级和破坏力。近年来,GNSS 随着观测精度的提高和处理方法的改进,GNSS 逐渐成为地震仪的重要补充,为地震学研究提供了一种新的途径。

本书中以 2015 年 4 月 25 日尼泊尔 Mw7.8 级地震为例,基于"陆态网络"、JICA 项目等所建的连续 GNSS 数据,利用 GAMIT/GLOBK 软件及 Track 模块,研究此次尼泊尔地震造成的地表同震位移场及震时地表运动状态。

一、观测数据概况

1. 中国境内观测数据

中国境内的 GNSS 站点共计 48 个,主要包含三部分,分别是中国大陆构造环境监测网络(以下简称"陆态网络")的连续 GNSS 基准站 14 个、中国气象局中日合作 JICA 项目的连续 GNSS 基准站 28 个、IGS 站点 2 个[LHAZ 和 HYDE(印度)]以及中国地震局地质研究所项目所建连续 GNSS 台站 4 个。

2. 尼泊尔境内观测数据

尼泊尔境内的 GNSS 站点是尼泊尔地质矿产部(Department of Mines and Geology of Nepal)和加州理工学院(California Institute of Technology)共同合作建设、运行和维护,全境共建有 29 个 GNSS 连续站点,由于此次地震的影响及震前震后数据的缺失,本书中共计使用 14 个站点,台站分布图见图 8-12。

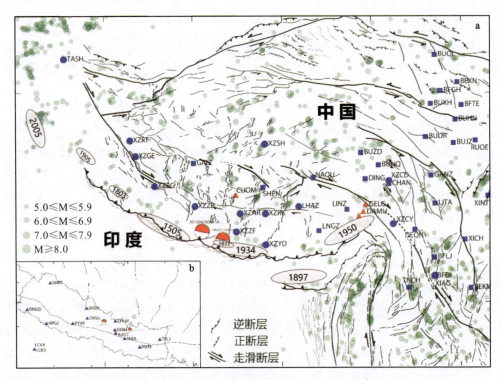

图 8-12 区域地质构造图及 GNSS 点位分布图

红白沙滩球分别表示尼泊尔 4 月 25 日 Mw7.8 级地震和 5 月 12 日 Mw7.3 级地震的震中位置,震源机制解为 GCMT 结果(http://www.globalcmt.org/);a. 蓝色圆点为"陆态网络"GNSS 站点,蓝色方形点位气象局 JICA 项目 GNSS 站点,红色三角点位地质所建 GNSS 站点;b. 蓝色三角点为加州理工学院和剑桥大学所建 GNSS 站点。蓝绿色圆点表示历史地震,历史地震目录来源于中国地震台网中心地震数据管理与服务系统(http://www.csndmc.ac.cn),数据起止时间为 1970-01-01—2014-12-31;断层引自 Tapponnier(1977);椭圆阴影区域标示对应地震的大致破裂区域。

二、数据分析与结果

1. 震时地表运动图像

首先利用 GAMIT/GLOBK 软件提供的 TRACK 模块对震后快速获取的距震中 1300km 范围内的"陆态网络"站点 1Hz 的 GNSS 数据进行处理,获得了震时中国西藏南部地区地表形变过程(图 8-13)。本书处理的各站点 1Hz 数据的时段起止时间为 06:10:00—06:20:00(UTC 时间),卫星星历采用 IGS 精密星历,以 L1 和 L2 的线性组合 LC 为观测量消除电离层一阶项的折射影响,采用 GPT2 模型改正对流层的天顶延迟,映射函数采用 GMF 模型。计算时,考虑到 TRACK 模块采用相对定位方法,处理基线不易过长,选取的参考站点要稳定且观测精度较高,且震时不受或受地震影响较小,不存在明显的地表位移。经对同震结果进行显著性检验分析,表明此次尼泊尔 Mw 7.8 级的同震影响集中在震中距 600km 范围内,故本书选取震中距约为 695km 的西藏双湖(XZSH)站作为参考站。为了削除站点重复性误差(多路径误差)等,本书利用震前 2 天的数据,采用改进的恒星日滤波方法(MSF)对结果进行了修正,具体做法不再详述。在进行完 MSF 后,还会有一些有色噪声误差残留,并在小范围内呈现一定的系统性,即与某种时空相关的共模误差。考虑到书中涉及站点分布较广,故采用分区域进行堆栈滤波(Stacking)方法提取站点的共模误差并予以剔除。结果显示,震中距 1200km 内的台站均有不同程度的震动,震动大小与震中距、台站地下地质构造及台站相对于震源破裂传播方向的方位相关,特别是后者。比如,位于震中北东东 220km 的西藏珠峰站(XZZF)的振幅远大于震中北西 181km 的西藏仲巴站(XZZB),虽然后者的震中距更小。随着震中距的逐渐变大,各站点震时响应的振幅大小依次减小,并震中两侧相同震中距的站点有很大差异[西藏噶尔站(XZGE)和西藏拉萨站(LHAS)、西藏巴嘎站(XZBG)和西藏日喀则站(XZRK)]。震时东西向最大形变量达到约 280mm,南北约 150mm(XZZF),且震中以东地区形变量明显大于震中以西地区,这与此次地震是向东单侧破裂结果一致。从各站点对地震响应的时间上来看,可以直观的感受到地震波由震中向外传播的过程,在此过程中,各站点的运动轨迹不尽相同。

2. 同震水平永久位移图像

采用 GAMIT/GLOBK 软件处理了 2015 年 4 月 20 日—27 日全球近 140 个 IGS 台站、国内在西藏及周边近 50 个连续 GNSS 台站以及尼泊尔境内的 14 个连续 GNSS 台站的观测数据。但尼泊尔境内的 GNSS 台站震后只采用 4 月 25 日一天的观测数据,且研究区域内(尼泊尔、西藏及周边)所有台站 4 月 25 日的观测数据只采用 UTC 06:30—24:00 时间段(地震发生于 4 月 25 日 UTC 06:11:19)。采用震前 5 天左右的数据是为了弥补地震前后更短时间内部分站点数据缺失或数据质量欠佳的影响,而震后尼泊尔境内的站点只使用震后一天的数据,是由于尼泊尔境内靠近震中附近的站点震后滑移显著,且发生过较大余震。联合处理全球 IGS 台站的数据确保参考框架的统一和自洽,保证了同震位移的可靠性。

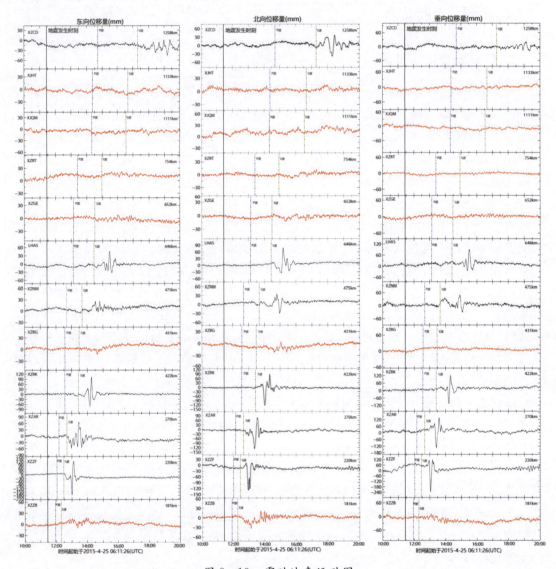

图 8-13 震时地表运动图

横坐标表示时间(单位:min),实线表示位于震中东侧(黑色实线)和西侧(红色实线)站点记录的地震图,右上角数字表示站点震中距,黑色竖实线表示地震发生时刻,竖虚线分别表示利用 TAUP 软件以标准模型计算得到 P 波(蓝色虚线)和 S 波(绿色虚线)到达各站点时刻

数据处理时采用的各种物理模型及方法如下:

GNSS 载波数据的处理以 24h 为一个时段,由 GAMIT 软件采用双差模式进行处理。

采用轨道的松弛模式,在估算测站位置的同时,还允许卫星轨道(IGS 精密星历)和地球自转参数(bull_a)有微量的调整;同时参数估计卫星天线的径向偏差。

数据处理中涉及到的地球重力场、固体潮和极潮模型都遵循 IERS 2010 规范。

海潮引发的测站地壳形变改正采用全球海潮模型 FES2004，并同时顾及海潮导致的地球质心变化。

采用 SAAS 模型计算对流层天顶的干、湿延迟分量的初始值，同时每个测站每 2 个小时估计 1 个天顶延迟修正参数，气象数据由 GPT2 模型获得，映射函数采用 GMF 模型。

顾及大气的不均匀性，对每个测站的东西向和南北向各附加 1 个大气水平梯度参数。

GNSS 观测数据误差为卫星截止高度角的函数，函数系数由数据等权情况下验后残差拟合确定。

采用 7 参数相似变换方法，将得到的单日解转换到 ITRF2008 框架下。

基于以上数据处理的策略，本书进行 GNSS 数据处理的流程（图 8-14）可概括为：GNSS 原始观测数据（载波相位数据）采用 GAMIT 软件处理获得单日松驰解。每天多个单日解（区域解和全球解）通过公共参数（公共点的位置参数和卫星轨道参数等）合并为 1 个单

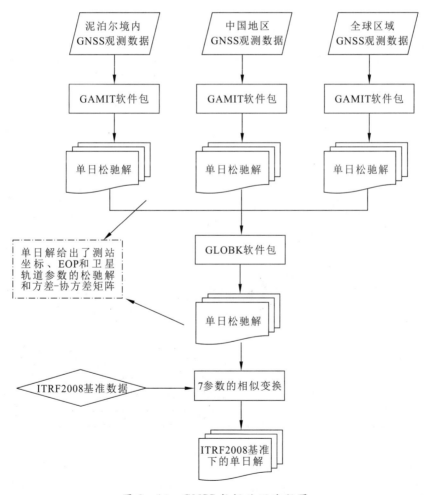

图 8-14 GNSS 数据处理流程图

日解(GLOBK 软件)。这个单日解中包含了测站位置、极移、卫星轨道和对流层天顶延迟等参数的估值及这些估值的方差-协方差矩阵,是求解测站位置和速率的准观测量。进一步,通过单日解中包含的全球分布的基准站求解相对于 ITRF2008 基准的相似变化 7 参数,最终利用得到的 7 参数将单日无基准解转换到 ITRF2008 基准下。按照上述方法及流程获得的同震位移场结果如图 8-15 所示。由此可以看出此次地震在我国西藏南部地区产生了明显的同震水平位移。最大位移发生在西藏珠峰站(XZZF)附近,达 30mm,方向南西南。珠峰站北侧的昂仁站(XZAR)也产生了约 23mm 的同震水平位移,方向与珠峰站一致。而距离震中最近的西藏仲巴站(XZZB,约 182km),则产生了约 17mm 的同震水平位移,方向南东南,考虑可能与此次地震单侧东向破裂有关。我国青海西南部、云南西部地区也监测到了毫米级位移 2~6mm,整体方向南西。尼泊尔境内连续 GNSS 台站的最大同震水平位移发生在(KKN4),约 1889mm,方向近正南,而且伴有 1267mm 的上升。位于震中近正北面的(CHLM)站也存在约 1408mm 的水平位移,方向近正南,但其存在约 587mm 的沉降,与 ARIA 研究团队给出的 InSAR 结果(http://aria-share.jpl.nasa.gov/events/20150425—

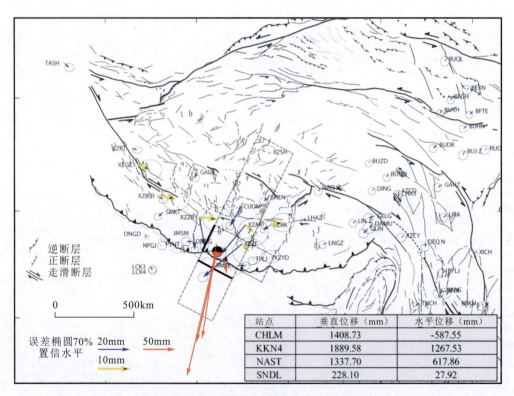

图 8-15 GNSS 观测到的尼泊尔 Mw7.8 级地震同震水平位移

红色矢量箭头表示位于震中附近尼泊尔境内 4 个站点的同震水平位移;蓝色矢量箭头表示中国境内及尼泊尔境内部分站点的同震水平位移;黄黑矢量箭头表示中国境内部分站点震后 15d 的水平位移,误差椭圆置信水平 70%;黑色虚线框为剖面区域,黑色粗实线为剖面参考起始位置

Nepal_EQ/Interferogram/ARIA_Coseismic_ALOS2_interferogram_PathA157_20150221_0502_1_5m.jpg)对比,上升与沉降区域基本吻合(表 8-20)。震中东西两侧站点 RMTE 和 DNSG 站点分别向东西两侧运动,呈现挤出运动状态。整体图像遵从弹性半空间逆冲破裂造成的位移场分布特征。将地震造成的同震位移场以震中开始,分别向北北东方向和南东东方向(地震破裂方向)做剖面(图 8-16),结果显示此次尼泊尔地震同震的影响集中在震中周围 600km 范围内,且两个方向大致呈现指数衰减,南东东方向同震效应影响距离与地震破裂长度有很好的对应关系。地震造成的垂向位移在中国境内很微弱,GNSS 的定位精度暂时还检测不到。

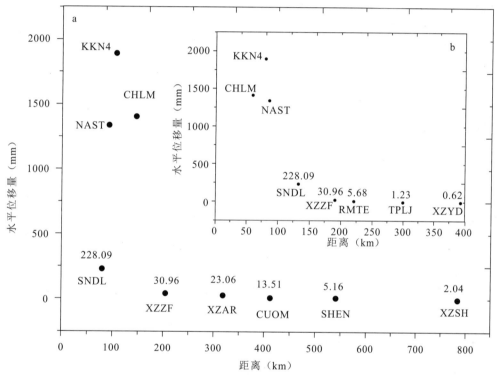

图 8-16 同震水平位移剖面图

a. 北北东方向剖面图;b. 南东东方向剖面图,剖面位置见图 8-15 虚线框

表 8-20 GPS 观测到的尼泊尔 Mw7.8 级地震的同震位移

站名	坐标(°)		同震位移(mm)				
	经度	纬度	东向	北向	EW +-	NS +-	Rne
XZZF	86.94	28.20	-23.8	-19.8	1.9	1.8	0.0
XZZB	84.16	29.68	3.3	-17	1.7	1.6	0.0
XZAR	87.18	29.27	-15	-17.5	1.9	1.8	0.0

续表 8-20

站名	坐标(°)		同震位移(mm)				
	经度	纬度	东向	北向	EW +−	NS +−	Rne
XZRK	88.87	29.25	−5.1	−3.1	1	1	0.0
XZBG	81.41	30.84	3.6	−2	1.7	1.6	0.0
XZSH	88.83	33.20	−1.6	−1.3	3.7	3.3	0.0
XZGE	80.11	32.52	3.9	−1.3	1.5	1.4	0.0
XZYD	88.91	27.44	−0.4	0.5	3.8	2.3	0.0
XZRT	79.72	33.39	3.5	−1	1.8	1.3	0.0
XZCD	97.17	31.14	−0.6	−2.3	1.7	1.5	0.0
XZCY	97.47	28.66	−1.5	−1.3	1.8	1.6	0.0
LUZH	105.48	28.87	−2.1	−2.3	1.7	1.4	0.0
XIAG	100.26	25.61	−0.6	−2	2.2	1.9	0.0
TASH	75.23	37.78	3.2	−2.7	1.9	1.6	0.0
#BEKM	102.65	24.86	0.1	−1.9	2.3	1.7	0.0
#BEXN	101.75	36.55	−1.3	−1.4	1.7	1.8	0.0
#BFDI	100.18	25.56	−4	−1.4	2	1.7	0.0
#BFGH	100.62	36.09	−0.7	−2.3	1.3	1.4	0.0
#BFLJ	100.22	26.69	−2.3	−1.4	1.8	1.5	0.0
#BFTE	102.02	35.34	−2.3	−2.3	1.4	1.4	0.0
#BUDR	99.65	33.58	−2.4	−2.2	1.5	1.5	0.0
#BUHN	101.60	34.56	−2.2	−1.5	1.5	1.5	0.0
#BUJZ	101.48	33.25	−1.1	−2.5	1.8	1.8	0.0
#BUNQ	96.48	32.03	−0.9	−2.1	1.4	1.4	0.0
#BUQL	100.24	37.99	−0.7	−1.5	1.7	1.8	0.0
#BUXH	99.98	35.41	−1.3	−2.3	1.4	1.4	0.0
#BUZD	95.30	32.72	−0.6	−1.3	1.4	1.3	0.0
#CHA3	97.17	30.98	−0.4	−2.6	1.5	1.4	0.0
#DEQN	98.91	28.33	−0.3	−3.5	1.6	1.4	0.0
#DING	95.59	31.24	−1.5	−1.5	1.5	1.5	0.0
#GAIZ	84.06	32.13	−1.7	−3.4	1.7	1.6	0.0
#GANZ	100.00	31.45	−2.9	−1.7	1.7	1.6	0.0
#LINZ	94.36	29.483	−1.6	−1.5	1.5	1.4	0.0

续表 8-20

站名	坐标(°)		同震位移(mm)				
	经度	纬度	东向	北向	EW +-	NS +-	Rne
#LITA	100.27	29.83	-1.9	-2	1.6	1.5	0.0
#LNGZ	92.46	28.25	-2.1	-1.1	1.5	1.4	0.0
#NAQU	92.06	31.31	-1	-2.8	1.5	1.4	0.0
#RUOE	102.97	33.40	-1.6	-1	1.8	1.7	0.0
#SHEN	88.71	30.76	-3	-2.2	1.4	1.4	0.0
#TNCH	98.50	24.87	-2.6	-1.9	1.9	1.6	0.0
#WEIN	104.28	26.71	-4.5	-1.1	5.4	5	0.0
#XICH	102.27	27.75	-2.1	-1	1.6	1.4	0.0
#XINJ	103.82	30.29	-0.8	-2.8	1.8	1.6	0.0
LHAZ	91.10	29.66	-0.9	-2.4	1.1	1.1	0.0
HYDE	78.55	17.42	5.1	-1.4	1.8	1.4	0.0
!CUOM	86.90	30.28	-6.9	-11.6	1.6	1.4	0.0
!DAMU	95.46	29.33	-2.1	-2.6	2.4	2.1	0.0
!GELG	95.62	29.75	-3.9	-1.3	1.8	1.7	0.0
!GLIN	95.17	29.05	-2.8	-2.9	1.9	1.7	0.0
*CHLM	85.31	28.21	-222.2	-1391.1	1.5	1.3	0.0
*KKN4	85.28	27.80	-445.9	-1836.2	1.7	1.6	0.0
*NAST	85.33	27.66	-312.5	-1300.7	2	1.8	0.0
*SNDL	85.80	27.39	45.7	-223.5	1.8	1.6	0.0
*DNGD	80.58	28.75	1	-2	0.8	0.6	0.0
*DNSG	83.76	28.35	-4.3	-0.1	1.8	1.6	0.0
*JMSM	83.74	28.81	1.2	-10	1.5	1.4	0.0
*LCK3	80.96	26.91	1.2	-2.4	1.6	1.4	0.0
*LCK4	80.96	26.91	1.2	-1.5	1.6	1.4	0.0
*NPGJ	81.60	28.12	1.2	-0.1	1.8	1.6	0.0
*PYUT	82.99	28.10	2	-2.1	1.7	1.5	0.0
*RMTE	86.60	26.99	5.7	-0.3	1.6	1.4	0.0
*SMKT	81.81	29.97	-3.4	-2.9	1.5	1.3	0.0
*TPLJ	87.71	27.35	-0.5	-1.1	1.7	1.5	0.0

注：#表示台站为气象局中日合作JICA站点，"!"表示地质所所建站点，"*"表示尼泊尔境内站点。

此外，利用中国境内6个震源区站点震后15 d的数据，计算得到地震造成震后位移，结果显示震后 GNSS 站点仍有南向运动趋势，最大位移发生在 XZZB 站，达约 5.6 mm。然而，由于该地区印度板块以约 50mm/a 的速度向欧亚板块运动，故站点东向位移由西向东逐渐减小，南向运动量由南向北逐渐减小，但整体上是同震效应的一个延续。

三、结论

此次尼泊尔 Mw7.8 级地震同震的影响集中在震中周围 600 km 范围内，最大永久水平位移发生在西藏珠峰站（XZZF），且沿北北东和南东东两个方向快速呈指数衰减，南东东方向同震效应影响距离与地震破裂长度有很好的对应关系。陆态网络的 GNSS 观测资料使我们了解了此次地震所造成的地壳运动状态的变化，同时也为认识地震的破裂过程提供了重要基础数据。相比于流动的、不定期的 GNSS 观测，连续 GNSS 观测能够更快捷、更精确地获取地震所造成的同震位移场和震后形变场及其时空演化过程。在西藏南部近震区附近所新建的13个连续 GNSS 观测站，这些站点的建成和运行，必将极大的提升对这一地区地壳形变的监测能力，使洞悉此次地震形变场演化及震后效应的全过程成为可能。

附录 Linux 的目录结构以及命令行操作

GAMIT/GLOBK 软件安装在 Linux 系统中,因此在学习该软件解算高精度 GNSS 定位结果之前,需要对 Linux 系统进行学习。Linux 系统都是通过在终端(Terminal)中输入命令与计算机交互,刚接触该系统的新手总是感觉不习惯,不像在 Windows 系统下用鼠标操作简单和直观。然而,只要稍微了解一下 Linux 系统的目录结构、常用命令语句,坚持一段时间,就能感受到 Linux 系统的执行效率非常高效。

第一节 目录结构

开始学习 Linux 前必须熟悉文件和目录(或"文件夹")的结构(图 1)。心中一旦有了目录结构的"地图",在目录和文件之间查找、导航就更容易了。

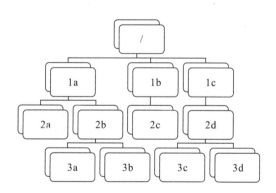

图 1 Linux 系统目录结构示意图

顶层("根")目录(例如:UNIX 和 Linux 上的"/",Windows 上的"C:\"等)。
用户当前的工作目录表示为"."[单点]。
"父"目录是层次结构中当前工作目录的上一个级别。
"父"目录表示为".."[双点]。
弄清楚目录结构以后就可以四处查找文件了,Linux 目录结构可以随意向上或向下地跳转到不同的层次结构,但是不能横向查找。

```
cd /
#进入顶层("根")目录
cd 1b
#进入"第一级1b"目录(向下的层次)
cd 2c
#将用户带到第二级的"2c"目录,在"1b"下(下移层次结构)
cd 2d
#Unknown directory
#用户试图横向移动,但"2c"没有直接连接到"2d"。
```

注意:"#"是注释符号。

```
如何进入2d目录呢?
cd /
cd 1c
cd 2d
#或者组合在一起
cd /1c/2d
#又或者
#先移动到"1b"
cd ..
#再上移到"/"
cd ..
#然后下移"1c"
cd 1c
#进入目录"2d"
cd 2d
#组合命令
cd ../../1c/2d
```

第二节 Ubuntu 系统目录结构

Linux 有众多发行版本,本文选择 Ubuntu 系统进行讲解。在开始学习之前,需要自行完成系统的安装。登录系统后,打开终端有 3 种方式。

(1)搜索框里面输入:Terminal,然后点击打开终端。

(2) 快捷键:Ctrl+Alt+T。

(3) 一个窗口内打开多个终端:Ctrl+Shift+T。

一个窗口内不同终端之间进行切换,通过 Alt+N(N 表示数字键)完成。

打开一个终端,在窗口下输入命令:

ls /

能看到如图 2 所示终端界面。

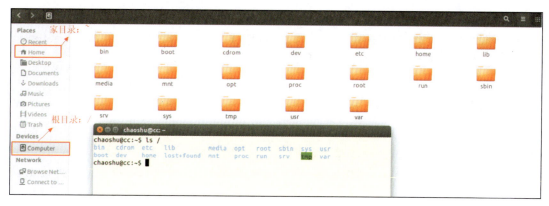

图 2 终端界面

Ubuntu 树状目录结构如图 3 所示。

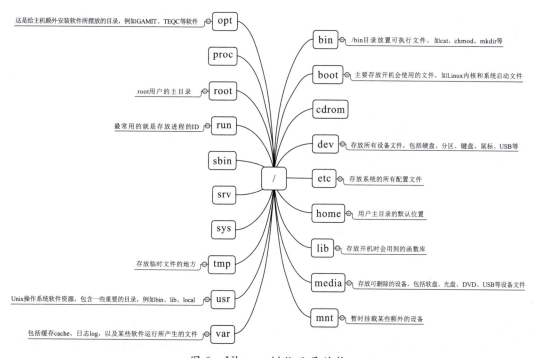

图 3 Ubuntu 树状目录结构

/bin：

　　bin 就是 binary，二进制。/bin 目录放置可执行文件，root 和一般账号都可以使用，如 cat、chmod、mv、mkdir 等。其实系统有很多放置执行文件的目录，但/bin 目录比较特殊，因为/bin 放置的是在单用户模式下还能够被操作的命令。

/boot：

　　这个目录主要存放启动时使用的文件，如 Linux 内核和系统启动文件，包括 Grub、lilo 启动器程序。

/dev：

　　存放所有设备文件，包括硬盘、分区、键盘、鼠标、USB、tty 等。注意：在 Linux 系统上，任何设备与接口设备都是以文件的形式存在于这个目录当中的。

/etc：

　　存放系统的所有配置文件，例如/etc/passwd 存放用户账户信息，/etc/hostname 文件存放主机名，也有一些目录，如/etc/nginx 是目录，里面存储 nginx 的很多配置文件。

/home：

　　用户主目录的默认位置。当你创建一个一般用户账号时，默认的用户主文件夹就在该目录下。

/lib：

　　存放启动时会用到的函数库，以及/bin 和/sbin 目录下的命令调用的函数库。

/lost+found：

　　存放由 fsck 放置的零散文件。注意：fsck 命令用于检查与修复 Linux 文件系统。

/media：

　　media 是"媒体"英文，顾名思义，它下面存放可删除的设备，包括软盘、光盘、DVD、USB 等设备文件。

/mnt：

　　如果想要暂时挂载某些额外的设备，建议一般可以放置到这个目录中。

/opt：

　　这是给主机额外安装软件所摆放的目录。比如安装 gamit/teqc 等软件就可以放到这个目录下，默认是空的。

/proc：

　　这个目录本身是一个虚拟文件系统。它放置的数据都是在内存当中，例如系统内核、进程等。

/root：

　　root 用户的主目录。

/run：

　　最常用的就是存放进程的 ID。要特别注意的是：它使用 tmpfs 文件系统，这是一种存储在内存中的临时文件系统，当机器关闭的时候，文件系统自然就被清空了。

/sbin：

sbin 即 system binary，用来设置系统的可执行命令，这些命令只有 root 用户才能用设置系统，其他用户只能用来"查询"而已。

/srv：

srv 是 service 的缩写，是一些网络服务启动之后，这些服务所需要取用的数据目录。常见的服务有 www、FTP 等。比如 www 服务需要的网页数据就可以放在/srv/www/目录下。

/sys：

这个目录跟/proc 非常类似，也是一个虚拟的文件系统，主要也是记录与内核相关的信息。这个目录同样不占硬盘容量。

/tmp：

顾名思义，就是用来存放临时文件的地方，所有用户都可以访问。建议该目录不要放重要数据。

/usr：

注意 usr 并不是 user 的缩写，而是 Unix Software Resource 的缩写，即"Unix 操作系统软件资源"放在该目录，而不是用户的数据。这个目录相当于 Windows 操作系统的"C:\Windows\"和"C:\Program files\"这两个目录的综合体，系统安装完毕后，这个目录会占用最多的硬盘容量。

/usr/bin：

用户可使用的大部分命令都放在这里。

/usr/include：

存放 C/C++等程序语言的头文件(head)和目标文件(include)。

/usr/lib：

包含各应用软件的函数库，目标文件(object file)，比如它下面有 jvm 目录，就是 java。

/usr/local：

系统管理员在本机自行下载自行安装的软件(非 Ubuntu 发行版默认提供的软件)一般放在该目录。该目录下也有 bin、etc、include、lib 等子目录。比如在 Ubuntu 上安装的 uwsgi、celery、pip 就放在/usr/local/lib 目录下。

/var：

如果说/usr 是安装时会占用较大硬盘容量的目录，那么/var 就是在系统运行过程中渐渐占用硬盘容量的目录。它包括缓存 cache、日志 log 以及某些软件运行所产生的文件，包括程序文件(lock file，run file)。mysql 的数据库文件也是放置在这个目录下，具体为/var/lib/mysql/目录下。

第三节 Linux 文件基本属性

Linux 系统是一种典型的多用户系统,不同的用户处于不同的地位,拥有不同的权限。为了保护系统的安全性,Linux 系统对不同的用户访问同一文件(包括目录文件)的权限做了不同的规定。

在 Linux 中可以使用 ll 或者 ls -l 命令来显示一个文件的属性以及文件所属的用户和组,如:

```
chaoshu@cc:/$ ls -l
total 92
drwxr-xr-x    2 root root    4096 Dec 21    2015 bin
drwxr-xr-x    3 root root    4096 Dec 18    2015 boot
…
```

实例中,bin 文件的第一个属性用[d]表示。[d]在 Linux 中代表该文件是一个目录文件。

在 Linux 中第一个字符代表这个文件是目录、文件或链接文件等。当为[d]时则是目录,当为[-]时,则是文件。若是[l]则表示为链接文档(link file);若是[b]则表示为装置文件里面的可供储存的接口设备(可随机存取装置);若是[c]则表示为装置文件里面的串行端口设备,例如键盘、鼠标(一次性读取装置)。

接下来的字符中,以 3 个为一组,且均为[rwx]的 3 个参数的组合。其中,[r]代表可读(read),[w]代表可写(write),[x]代表可执行(execute)。要注意的是,这 3 个权限的位置不会改变,如果没有权限,就会出现[-]。

每个文件的属性由左边第一部分的 10 个字符来确定(图 4)。

文件类型	属主权限			属组权限			其他用户权限		
0	1	2	3	4	5	6	7	8	9
d	r	w	x	r	-	x	r	-	x
目录文件	读	写	执行	读	写	执行	读	写	执行

图 4 文件属性

从左至右用 0~9 这些数字来表示。第 0 位确定文件类型,第 1~3 位确定属主(该文件的所有者)拥有该文件的权限,第 4~6 位确定属组(所有者的同组用户)拥有该文件的权限,第 7~9 位确定其他用户拥有该文件的权限。

其中,第 1、4、7 位表示读权限,如果用[r]字符表示,则有读权限,如果用[-]字符表示,则没有读权限;第 2、5、8 位表示写权限,如果用[w]字符表示,则有写权限,如果用[-]字符表示没有写权限;第 3、6、9 位表示可执行权限,如果用[x]字符表示,则有执行权限,如果用[-]字符表示,则没有执行权限。

第四节　Linux 文件属主和属组

对于文件来说,它都有一个特定的所有者,也就是对该文件具有所有权的用户。同时,在 Linux 系统中,用户是按组分类的,一个用户属于一个或多个组。

文件所有者以外的用户又可以分为文件所有者的同组用户和其他用户。因此,Linux 系统按文件所有者、文件所有者同组用户和其他用户来规定了不同的文件访问权限。

bin 文件是一个目录文件,属主和属组都为 root,属主有可读、可写、可执行的权限;与属主同组的其他用户有可读和可执行的权限;其他用户也有可读和可执行的权限。

更改文件属性方式如下。

1. chgrp 更改文件属组

语法:

chgrp [-R]＋属组名文件名

-R:递归更改文件属组,就是在更改某个目录文件的属组时,如果加上-R 的参数,那么该目录下的所有文件的属组都会更改。

实例:

将/usr/meng 及其子目录下的所有文件的用户组改为 chaoshu。

```
$ chgrp -R chaoshu /usr/meng
```

2. chown 更改文件属主

语法:

chown [-R]＋ 属主名文件名

chown 同时也可以更改文件属组。

chown [-R]＋ 属主名:属组名文件名

3. chmod 更改文件 9 个属性

Linux 文件属性有两种设置方法,一种是数字,另一种是符号。

Linux 文件的基本权限就有 9 个,分别是 owner/group/others 三种身份各自的 read/write/execute 三种权限。

若文件的权限字符为:[-rwxrwxrwx],则可看出,9 个权限是 3 个 3 个一组的! 其中,可以使用数字来代表各个权限,各权限的分数分别为 r=4,w=2,x=1。

每种身份(owner/group/others)各自的 3 个权限(r/w/x)分数是累加的,例如当权限为:[-rwxrwx---],分数则是:

$$\begin{aligned} owner &= rwx = 4+2+1 = 7 \\ group &= rwx = 4+2+1 = 7 \\ others &= --- = 0+0+0 = 0 \end{aligned} \quad (3-1)$$

所以设定权限的变更时,该文件的权限数字就是 770! 变更权限的指令 chmod 的语法是这样的:

chmod [-R] xyz+ 文件或目录

xyz:就是刚刚提到的数字类型的权限属性,为 rwx 属性数值的相加。

-R:进行递归(recursive)的持续变更,亦即连同此目录下的所有文件都会变更。

举例来说,如果要将.bashrc 这个文件所有的权限都设定启用,那么命令如下:

```
chaoshu@cc:~ $ ls -l .bashrc
-rw-r--r-- 1 chaoshu chaoshu 4353 Nov  7 10:33 .bashrc
chaoshu@cc:~ $ chmod -R 777 .bashrc
chaoshu@cc:~ $ ls -l .bashrc
-rwxrwxrwx 1 chaoshu chaoshu 4353 Nov  7 10:33 .bashrc
```

那如果要将权限变成-rw-r--r--呢? 那么权限的分数就成为[4+2+0][4+0+0][4+0+0]=644。命令如下:

```
chaoshu@cc:~ $ chmod -R 644 .bashrc
chaoshu@cc:~ $ ls -l .bashrc
-rw-r--r-- 1 chaoshu chaoshu 4353 Nov  7 10:33 .bashrc
```

还有一个改变权限的方法,从之前的介绍中可以发现,基本上就 9 个权限分别是 user、group、others 3 种身份,就可以由 u、g、o 来代表 3 种身份的权限。此外,a 则代表 all 亦即全部的身份,那么读写的权限就可以写成 r、w、x,也就是可以使用下面的方式来看:

$$\text{chmod} \begin{bmatrix} u \\ g \\ o \\ a \end{bmatrix} \begin{matrix} +(\text{加入}) \\ -(\text{除去}) \\ =(\text{设定}) \end{matrix} \begin{bmatrix} r \\ w \\ x \end{bmatrix} \text{档案或目录}$$

实际操作一下,假如要设定一个档案的权限成为[-rwxr-xr-x]时,基本上就是:

user(u):具有可读、可写、可执行的权限。

group 与 others(g/o):具有可读可执行的权限。

命令如下：

chmod u=rwx,go=rx .bashrc

注意！那个 u=rwx,go=rx 是连在一起的，中间并没有任何空格符！而如果是要将权限去掉而不改变其他已存在的权限呢？例如要去掉全部人的可执行权限，则：

chmod a-x .bashrc

第五节 文件与目录管理

Linux 的目录结构为树状结构，最顶级的目录为根目录/；其他目录通过挂载可以将它们添加到树中，通过解除挂载可以移除它们。

在学习此内容前需要先知道什么是绝对路径与相对路径。

绝对路径：路径的写法，由根目录/写起，例如：/usr/share/doc 这个目录。

相对路径：路径的写法，不是由/写起，例如由/usr/share/doc 要到/usr/share/man 底下时，可以写成：cd ../man，这就是相对路径的写法。

Linux 很多操作都是依靠一个个的命令执行的，命令行的基本语法如下：

＜命令＞ ＜选项＞ ＜实参＞

＜命令＞：表示运行的程序名称，如果没有包含在环境变量 PATH 中，必须带上路径。

＜选项＞：通常会用一个连字符（例如：-）。

＜实参＞：通常的输入或输出操作。

1. 处理目录的常用命令

接下来介绍几个常见的处理目录的命令。

ls：列出目录

cd：切换目录

pwd：显示目前的目录

mkdir：创建一个新目录

rmdir：删除一个空目录

cp：复制文件或目录

rm：移除文件或目录

可以使用 man[命令]来查看各个命令的使用文档，如 man cp。

ls（列出目录）

在 Linux 系统当中，ls 命令使用频率很高。

语法：

ls [-aAdfFhilnrRSt]＋目录名称

ls [--color={never,auto,always}] 目录名称

ls [--full-time]＋目录名称

常用选项与参数：

-a：全部的文件，连同隐藏档（开头为. 的文件）一起列出来（常用）。

-d：仅列出目录本身，而不是列出目录内的文件数据（常用）。

-l：长数据串列出，包含文件的属性与权限等数据（常用）。

将 home 目录下的所有文件列出来（含属性与隐藏档）。

cd（切换目录）

cd 是 Change Directory 的缩写，是用来变换工作目录的命令。

语法：

cd [相对路径或绝对路径]

pwd（显示目前所在的目录）

pwd 是 Print Working Directory 的缩写，也就是显示目前所在目录的命令。

mkdir（创建新目录）

若要创建新目录，使用 mkdir（make directory）。

语法：

mkdir [-mp]＋目录名称

选项与参数：

-m：配置文件的权限，直接配置，不需要看默认权限（umask）。

-p：帮助直接将所需要的目录（包含上一级目录）递回创建起来。

示例：请到/tmp 下尝试创建数个新目录

```
mkdir -m 711 test2
```

♯ -m 711 给予新的目录 drwx--x--x 的权限

```
mkdir -p test1/test2/test3/test4
```

注意：加了这个 -p 的选项，可以自行创建多层目录。

rmdir（删除空的目录）

语法：

rmdir [-p]＋目录名称

选项与参数：

-p：连同上一级"空的"目录也一起删除。

cp（复制文件或目录）

cp 即拷贝文件和目录。

语法：

cp [-adfilprsu]来源档(source)、目标档(destination)

cp [options] source1 source2 source3 … directory

选项与参数：

-a：相当于-pdr 的意思，至于 pdr 请参考下列说明(常用)。

-d：若来源档为链接档的属性(link file)，则复制链接档属性而非文件本身。

-f：为强制(force)的意思，若目标文件已经存在且无法开启，则移除后再尝试一次。

-i：若目标档(destination)已经存在时，在覆盖时会先询问动作的进行(常用)。

-l：进行硬式链接(hard link)的链接档创建，而非复制文件本身。

-p：连同文件的属性一起复制过去，而非使用默认属性(备份常用)。

-r：递回持续复制，用于目录的复制行为(常用)。

-s：复制成为符号链接档(symbolic link)，亦即"捷径"文件。

-u：若 destination 比 source 旧，才升级 destination。

将 home 目录下的.bashrc 复制到 /tmp 下，并更名为 bashrc。

示例：

cp -i ~/.bashrc /tmp/bashrc

rm(移除文件或目录)

语法：

rm [-fir]＋文件或目录

选项与参数：

-f：就是 force 的意思，忽略不存在的文件，不会出现警告信息。

-i：互动模式，在删除前会询问使用者是否操作。

-r：递回删除，最常用于目录删除，这是非常危险的选项。

将刚刚在 cp 的范例中拷贝的 bashrc 删除掉：

rm -i /tmp/bashrc

mv(移动文件与目录，或修改名称)

语法：

mv [-fiu] source destination

选项与参数：

-f：force，强制的意思，如果目标文件已经存在，不会询问而直接覆盖。

-i：若目标文件(destination)已经存在时，就会询问是否覆盖。

-u：若目标文件已经存在，且 source 比较新，才会升级(update)。

复制一文件，创建一目录，将文件移动到目录中。

2. Linux 文件内容查看

Linux 系统中使用以下命令来查看文件的内容。

cat 由第一行开始显示文件内容。

tac 从最后一行开始显示,可以看出 tac 是 cat 的倒着写!

nl 显示的同时输出行号。

more 一页一页地显示文件内容。

less 与 more 类似,但是比 more 更好的是,它可以往前翻页。

head 只看头几行。

tail 只看尾巴几行。

可以使用 man [命令]来查看各个命令的使用文档,如 man tail。

cat

由第一行开始显示文件内容。

语法：

cat [-AbEnTv]

选项与参数：

-A:相当于-vET 的整合选项,可列出一些特殊字符而不是空白而已。

-b:列出行号,仅针对非空白行作行号显示,空白行不标行号!

-E:将结尾的断行字节 $ 显示出来。

-n:列印出行号,连同空白行也会有行号,与-b 的选项不同。

-T:将[tab]按键以^I 显示出来。

-v:列出一些看不出来的特殊字符。

tac

tac 与 cat 命令刚好相反,文件内容从最后一行开始显示!

head

取出文件前面几行。

语法：

head [-n number]＋文件

选项与参数：

-n:后面接数字,代表显示几行的意思。

head /etc/man.config

注意：默认的情况中,显示前面 10 行!若要显示前 20 行,就得要这样：

head -n 20 /etc/man.config

tail

取出文件后面几行。

语法：

tail [-n number]＋文件

选项与参数：

-n：后面接数字，代表显示几行的意思。
-f：表示持续侦测后面所接的档名，要等到按下[ctrl]-c 才会结束 tail 的侦测。

第六节　编辑器 vi/vim 的使用

学习 Linux 系统，必须了解 vi/vim 并掌握其基本的使用方法。所有的 Linux 系统都会内建 vi 文书编辑器，vim 的文本编辑器则不一定会存在。需要自己安装，Ubuntu 系统下安装方法十分简单：

sudo apt-get install vim

vim 具有程序编辑的能力，可以主动以字体颜色辨别语法的正确性，方便程序设计。vim 是从 vi 发展出来的一个文本编辑器。代码、编译及错误跳转等方便编程的功能特别丰富，在程序员中被广泛使用。

简而言之，vi 是老式的字处理器，不过功能已经很齐全了，但还是有可以进步的地方。vim 为程序开发者提供了一项很好用的工具。连 vim 的官方网站（http://www.vim.org）自己也宣称 vim 是一个程序开发工具而不是文字处理软件（图 5）。

1. vi/vim 的使用

vi/vim 共分为 3 种模式，一般模式、编辑模式和指令列命令模式，这 3 种模式的作用分别如下。

1）一般模式

用 vi 打开一个文档就直接进入一般模式（默认模式）了。在这个模式中可以使用"上、下、左、右"按键来移动光标，可以使用"删除字符"或"删除整行"来处理档案内容，也可以使用"拷贝、粘贴"来处理文件数据。

2）编辑模式

在一般模式中可以进行删除、拷贝、粘贴等的动作，但是却无法编辑文件内容。要等到按下"i、I、o、O、a、A、r、R"等任何一个字母之后才会进入编辑模式。注意了！通常在 Linux 中，按下这些按键时，在画面的左下方会出现"INSERT 或 REPLACE"的字样，此时才可以进行编辑。而如果要回到一般模式时，则必须要按下"Esc"这个按键即可退出编辑模式。

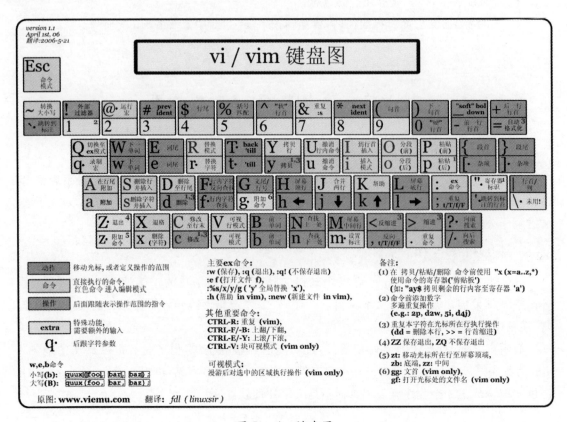

图 5 vim 键盘图

3)指令列命令模式

在一般模式当中,输入":,/,?"3 个中的任何一个按钮,就可以将光标移动到最底下一行。在这个模式当中,可以提供"搜寻资料"的动作,而读取、存盘、大量取代字符、离开 vi、显示行号等的动作则是在此模式中完成的。

简而言之,可以将这 3 种模式表示成如图 6 所示的图标。

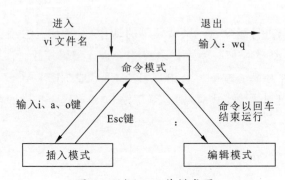

图 6 vi/vim 工作模式图

2. vi/vim 使用实例

1) 使用 vi/vim 进入一般模式

如果想使用 vi 来建立一个名为 test.txt 的文件时,可以这样做:

vi test.txt

直接输入 vi 文件名就能够进入 vi 的一般模式了(图 7)。请注意,记得 vi 后面一定要加文件名,不管该文件存在与否。

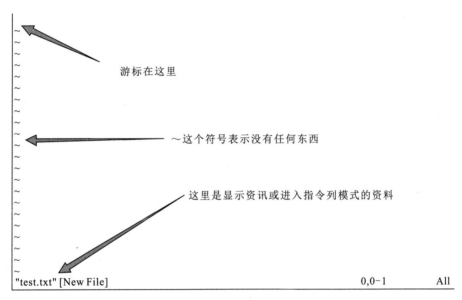

图 7　vi/vim 一般模式界面

2) 按下"i"进入编辑模式,开始编辑文字

在一般模式之中,只要按下 i、o、a 等字符就可以进入编辑模式了。

在编辑模式当中,可以发现在左下角状态栏中会出现"-INSERT-"的字样,那就是可以输入任意字符的提示。

这个时候,键盘上除了"Esc"这个按键之外,其他的按键都可以视作为一般的输入按钮了,所以可进行任何编辑。

3) 按下"Esc"按钮回到一般模式

假设已经按照上面的样式编辑完毕了,应该要如何退出呢? 按下"Esc"这个按钮即可! 马上就会发现画面左下角的"-INSERT-"消失了。

4) 在一般模式中按下:wq 储存后离开 vi

要存档了,存盘并离开的指令很简单,输入[:wq]即可保存离开。

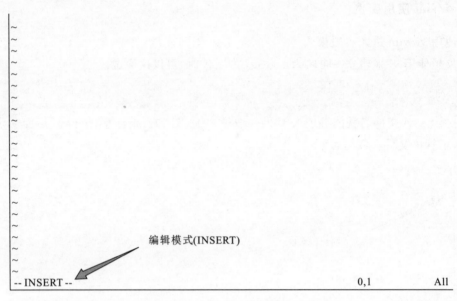

图 8　vi/vim 编辑模式

5)vi/vim 按键说明

除了上面简易范例的"i""Esc"":wq"之外,vim 其实还有非常多的按键可以使用。

(1)一般模式可用的按钮说明,光标移动、拷贝粘贴、搜寻取代等。

移动光标的方法:

[h]或向左箭头键(←),光标向左移动一个字符。

[j]或向下箭头键(↓),光标向下移动一个字符。

[k]或向上箭头键(↑),光标向上移动一个字符。

[l]或向右箭头键(→),光标向右移动一个字符。

如果将右手放在键盘上的话,会发现 h、j、k、l 是排列在一起的,因此可以使用这 4 个按钮来移动光标。如果想要进行多次移动的话,例如向下移动 30 行,可以使用"30j"或"30↓"的组合按键,亦即加上想要进行的次数(数字)后,按下动作即可。

[Ctrl]+[f],屏幕"向下"移动一页,相当于[Page Down]按键(常用)。

[Ctrl]+[b],屏幕"向上"移动一页,相当于[Page Up]按键(常用)。

[Ctrl]+[d],屏幕"向下"移动半页。

[Ctrl]+[u],屏幕"向上"移动半页。

[+],光标移动到非空格符的下一列。

[-],光标移动到非空格符的上一列。

[n],这个 n 表示"数字",例如"20"。按下数字后再按空格键,光标会向右移动这一行的第 n 个字符。例如"20"则光标会向后面移动 20 个字符距离。

0 或功能键[Home],这是数字"0":光标移动到这一行的最前面字符处(常用)。

$或功能键[End],光标移动到这一行的最后面字符处(常用)。

H,光标移动到这个屏幕的最上方那一行的第一个字符。

M,光标移动到这个屏幕的中央那一行的第一个字符。

L,光标移动到这个屏幕的最下方那一行的第一个字符。

G,光标移动到这个档案的最后一行(常用)。

nG,n 为数字。光标移动到这个档案的第 n 行。例如 20G 则会移动到这个档案的第 20 行(可配合:set nu)。

gg,光标移动到这个档案的第一行,相当于 1G(常用)。

(2)搜寻与取代。

/word,向光标之下寻找一个名称为 word 的字符串。例如要在档案内搜寻 vbird 这个字符串,就输入/vbird 即可(常用)。

?word,向光标之上寻找一个名称为 word 的字符串。

n,这个 n 是英文按键,代表重复前一个搜寻的动作。举例来说,如果刚刚执行/vbird 去向下搜寻 vbird 这个字符串,则按下 n 后,会向下继续搜寻下一个名称为 vbird 的字符串。如果是执行?vbird 的话,那么按下 n 则会向上继续搜寻名称为 vbird 的字符串。

N,这个 N 是英文按键。与 n 刚好相反,为"反向"进行前一个搜寻动作。例如执行/vbird 后,按下 N 则表示"向上"搜寻 vbird。

使用/word 配合 n 及 N 非常有帮助!可以重复地找到一些搜寻的关键词。

:n1,n2s/word1/word2/g,n1 与 n2 为数字。在第 n1 与 n2 行之间寻找 word1 这个字符串,并将该字符串取代为 word2。举例来说,在第 100 到 200 行之间搜寻 vbird 并取代为 VBIRD 则[:100,200s/vbird/VBIRD/g](常用)。

:1,$s/word1/word2/g,从第一行到最后一行寻找 word1 字符串,并将该字符串取代为 word2(常用)。

:1,$s/word1/word2/gc,从第一行到最后一行寻找 word1 字符串,并将该字符串取代为 word2,且在取代前显示提示字符给用户确认(confirm)是否需要取代(常用)。

(3)删除、拷贝与粘贴。

x or X 在一行字当中,x 为向后删除一个字符(相当于[del]按键),X 为向前删除一个字符(相当于[backspace]亦即是退格键)(常用)。

nx,n 为数字,连续向后删除 n 个字符。举例来说,要连续删除 10 个字符,[10x]。

dd,删除光标所在的那一整列(常用)。

ndd,n 为数字。删除光标所在的向下 n 列,例如 20dd 则是删除光标以下 20 列(常用)。

d1G,删除光标所在到第一行的所有数据。

dG,删除光标所在到最后一行的所有数据。

d$,删除光标所在处,到该行的最后一个字符。

d0,这里是数字的"0",删除光标所在处,到该行的最前面一个字符。

yy,复制光标所在的那一行(常用)

nyy,n 为数字。复制光标所在的向下 n 列,例如 20yy 则是复制光标以下 20 列(常用)。

y1G,复制光标所在列到第一列的所有数据。

yG,复制光标所在列到最后一列的所有数据。

y0,复制光标所在字符到该行行首的所有数据。

y$,复制光标所在字符到该行行尾的所有数据。

p or P,p 为将已复制的数据在光标下一行贴上,P 则为贴在光标上一行!举例来说,目前光标在第 20 行,且已经复制了 10 行数据。则按下 p 后,那 10 行数据会贴在原本的 20 行之后,亦即由 21 行开始贴。但如果是按下 P 呢?那么原本的第 20 行会被推到变成 30 行(常用)。

J,将光标所在列与下一列的数据结合成同一列。

c,重复删除多个数据,例如向下删除 10 行[10cj]。

u,复原前一个动作(常用)。

[Ctrl]+r,重做上一个动作(常用)。

这个 u 与[Ctrl]+r 是很常用的指令!一个是复原,另一个则是重做一次。

.,不要怀疑,这就是小数点。意思是重复前一个动作的意思。如果想要重复删除、重复粘贴等动作,按下小数点[.]就好了(常用)。

(4)一般模式切换到编辑模式的可用按钮说明。

i、I,进入插入模式(Insert mode),i 为从目前光标所在处插入,I 为在目前所在行的第一个非空格符处开始插入(常用)。

a、A,进入插入模式(Insert mode),a 为从目前光标所在的下一个字符处开始插入,A 为从光标所在行的最后一个字符处开始插入(常用)。

o、O,进入插入模式(Insert mode),这是英文字母 o 的大小写。o 为在目前光标所在的下一行处插入新的一行,O 为在目前光标所在处的上一行插入新的一行(常用)。

r、R,进入取代模式(Replace mode),r 只会取代光标所在的那一个字符一次,R 会一直取代光标所在的文字,直到按下 Esc 为止(常用)。

按下上面这些按键时,在 vi 画面的左下角处会出现"-INSERT-"或"-REPLACE-"的字样。特别注意的是,若想要在档案里面输入字符时,一定要在左下角处看到 INSERT 或 REPLACE 才能输入!

Esc,退出编辑模式,回到一般模式中(常用)。

(5)其他使用方法。

:set nu,显示行号,设定之后,会在每一行的前缀显示该行的行号。

:set nonu,与 set nu 相反,为取消行号。

特别注意,在 vi/vim 中,数字是很有意义的,数字通常代表重复做几次的意思,也有可能是代表移动到第几个的意思。

举例来说,要删除 50 行,则是用"50dd"。数字加在动作之前,如要向下移动 20 行呢?那就是"20j"或者是"20↓"即可。

第七节　Shell 脚本

　　Shell 是一个用 C 语言编写的程序,它是用户使用 Linux 的桥梁。Shell 既是一种命令语言,又是一种程序设计语言。Shell 是指一种应用程序,这个应用程序提供了一个界面,用户通过这个界面访问操作系统内核的服务。Ken Thompson 的 sh 是第一种 Unix Shell,Windows Explorer 是一个典型的图形界面 Shell。

　　Shell 脚本(shell script),是一种为 shell 编写的脚本程序。业界所说的 Shell 通常都是指 Shell 脚本,但要知道 shell 和 shell script 是两个不同的概念。由于习惯的原因,简洁起见,本节出现的"Shell 编程"都是指 Shell 脚本编程,不是指开发 Shell 自身。

1. Shell 环境

　　Shell 编程跟 java、php 编程一样,只要有一个能编写代码的文本编辑器和一个能解释执行的脚本解释器就可以了。Linux 的 Shell 种类众多,常见的有:

Bourne Shell(/usr/bin/sh 或/bin/sh)
Bourne Again Shell(/bin/bash)
C Shell(/usr/bin/csh)
K Shell(/usr/bin/ksh)
Shell for Root(/sbin/sh)

　　本节关注的是 Bash,也就是 Bourne Again Shell,由于易用和免费而被广泛使用。同时,Bash 也是大多数 Linux 系统默认的 Shell,Ubuntu 也是采用 Bash 为默认 Shell。值得注意的是,GAMIT/GLOBK 多数脚本采用 csh 编写。

　　在一般情况下,人们并不区分 Bourne Shell 和 Bourne Again Shell。所以,#!/bin/sh 同样也可以改为 #!/bin/bash。

　　"#!"表明系统其后路径所指定的程序即是解释此脚本文件的 Shell 程序。

2. Shell 脚本编写

　　打开文本编辑器(可以使用 vi/vim 命令来创建文件),新建一个文件 test.sh,扩展名为 sh(sh 代表 shell),扩展名并不影响脚本执行,见名知意就好。

　　输入一些代码,第一行一般是这样:

```
#!/bin/bash
echo "Hello World !"
```

　　"#!"是一个约定的标记,它告诉系统这个脚本需要什么解释器来执行,无论使用哪一种

Shell。

echo 命令用于向窗口输出文本。

运行 Shell 脚本有两种方法,简述如下。

1)作为可执行程序

将上面的代码保存为 test.sh,并 cd 到相应目录:

```
chmod +x ./test.sh    #使脚本具有执行权限
./test.sh    #执行脚本
```

注意,一定要写成./test.sh,而不是 test.sh,运行其他二进制的程序也一样,直接写 test.sh,linux 系统会去 PATH 里寻找有没有叫 test.sh 的,而只有/bin,/sbin,/usr/bin,/usr/sbin 等在 PATH 里,当前目录通常不在 PATH 里,所以写成 test.sh 会找不到命令,要用./test.sh 告诉系统在当前目录找。

2)作为解释器参数

该运行方式是直接运行解释器,其参数就是 Shell 脚本的文件名,如:

```
bash test.sh
```

该方式运行的脚本,不需要执行权限。

3. Shell 传递参数

在执行 Shell 脚本时,向脚本传递参数,脚本内获取参数的格式为:$n。n 代表一个数字,1 为执行脚本的第一个参数,2 为执行脚本的第二个参数,以此类推;例如:

```
#!/bin/bash
echo "Shell 传递参数实例!";
echo "执行的文件名:$0"
echo "第一个参数为:$1"
echo "第二个参数为:$2"
echo "第三个参数为:$3"
```

执行脚本,输出结果如下所示:

```
$ bash test.sh str chao shu
Shell 传递参数实例!
执行的文件名:test.sh
第一个参数为:str
第二个参数为:chao
第三个参数为:shu
```

另外,还有几个特殊字符用来处理参数。

$#：传递到脚本的参数个数。

$*：以一个单字符串显示所有向脚本传递的参数。如"$*"用""括起来的情况，以"$1 $2 … $n"的形式输出所有参数。

$@：与$*相同，但是使用时加引号，并在引号中返回每个参数，如"$@"用""括起来的情况，以"$1""$2"…"$n"的形式输出所有参数。

4. Shell 变量

定义变量时，变量名不加美元符号（$），如：

your_name="w3cschool.cn"

注意，变量名和等号之间不能有空格，这可能和你熟悉的其他编程语言都不一样。同时，变量名的命名须遵循如下规则。

(1)首个字符必须为字母(a—z,A—Z)。

(2)中间不能有空格，可以使用下划线"_"。

(3)不能使用标点符号。

(4)不能使用 bash 里的关键字（可用 help 命令查看保留关键字）。

除了显式的直接赋值，还可以用语句给变量赋值，如：

for file in `ls /etc`

以上语句将/etc 下目录的文件名循环出来。

使用一个定义过的变量，只要在变量名前面加美元符号即可，如：

your_name="chaoshu"

echo $your_name

echo ${your_name}

变量名外面的花括号是可选的，加不加都行，加花括号是为了帮助解释器识别变量的边界，比如下面这种情况：

for skill in Ada Coffe Action Java do

    echo "I am good at ${skill}Script"

done

如果不给 skill 变量加花括号，写成 echo "I am good at $skillScript"，解释器就会把$skillScript 当成一个变量（其值为空），代码执行结果就不是预期的。建议给所有变量加上花括号，这是个好的编程习惯。

已定义的变量，可以被重新定义，如：

your_name="tom"

echo $your_name

your_name="alibaba"

echo $your_name

这样写是合法的,但注意,第二次赋值的时候不能写 $your_name="alibaba",使用变量的时候才加美元符号($)。

Shell 字符串是 shell 编程中最常用最有用的数据类型(除了数字和字符串,也没有其他类型好用了),字符串可以用单引号,也可以用双引号,也可以不用引号。

单引号:str='this is a string'。

单引号字符串的限制:单引号里的任何字符都会原样输出,单引号字符串中的变量是无效的;单引号字串中不能出现单引号(对单引号使用转义符后也不行)。

双引号:str="Hello,I know your are \"$your_name\"! \n"。

双引号的优点:双引号里可以有变量;双引号里可以出现转义字符。

字符串长度:

string="abcd"

echo ${#string} #输出 4

提取子字符串:

string="sinogeo is a great company"
echo ${string:0:3} #输出 sino

5. Shell 数组

bash 支持一维数组(不支持多维数组),并且没有限定数组的大小。与 C 语言类似,数组元素的下标由 0 开始编号。获取数组中的元素要利用下标,下标可以是整数或算术表达式,其值应大于或等于 0。

(1)定义数组。在 Shell 中,用括号来表示数组,数组元素用"空格"符分割开。定义数组的一般形式为:

数组名=(值1 值2…值n)

例如:array_name=(value0 value1 value2 value3)。

(2)读取数组。读取数组元素值的一般格式是:

${数组名[下标]}

例如:valuen=${array_name[n]}。

使用@符号可以获取数组中的所有元素,例如:echo ${array_name[@]}。

(3)获取数组的长度。获取数组长度的方法与获取字符串长度的方法相同,例如:

#取得数组元素的个数

length=${#array_name[@]}

#或者

length=${#array_name[*]}

#取得数组单个元素的长度

lengthn=${#array_name[n]}

6. Shell 注释

以"♯"开头的行就是注释，会被解释器忽略。sh 里没有多行注释，只能每一行加一个"♯"号。如果在开发过程中，遇到大段的代码需要临时注释起来，过一会儿又取消注释，怎么办呢？

每一行加个"♯"号太费力了，可以把这一段要注释的代码用一对花括号{ }括起来，定义成一个函数，没有地方调用这个函数，这块代码就不会执行，达到了和注释一样的效果。后面介绍如何定义和使用函数。

7. Shell 函数

在 linux shell 中用户可以自定义函数，然后在 Shell 脚本中可以任意调用。
Shell 中函数的定义格式如下：
［function］funname［()］
{
　　　action;
　　　［return int;］
}

说明：

(1)可以带 function fun()定义，也可以直接 fun()定义，不带任何参数。

(2)参数返回，可以显示加 return 返回，如果不加，将以最后一条命令运行结果，作为返回值。return 后跟数值 n(0~255)。

下面的例子定义了一个函数并进行调用：

```
#!/bin/bash
demoFun(){
    echo "这是我的第一个shell函数！"
}
echo "-----函数开始执行-----"
demoFun
echo "-----函数执行完毕-----"
```

第八节　awk、grep、sed 以及管道

AWK 是一种处理文本文件的语言,是一个强大的文本分析工具。之所以叫 AWK 是因为其取了 3 位创始人 Alfred Aho、Peter Weinberger 和 Brian Kernighan 的 Family Name 的首字母。

awk 为强大的格式化读/写工具。

```
awk '{print $1,$2,$3}' <file>
#打印<file>中的第 1、2、3 列数据
awk -v n=3 -v FS=',' '{print $NF/n}' <csv-file>
#打印<csv-file>以逗号分隔的最后的字段除以 3
awk 'BEGIN {sum=0};{sum=sum+$1}; END {printf"%.1f\n",sum/NR}' <file>
#计算第一个字段的平均数:每行上的第一个字段,然后除以行数("记录")。
```

NR:表示 awk 开始执行程序后所读取的数据行数。

FNR:awk 当前读取的记录数,其变量值小于或等于 NR(比如当读取第二个文件时,FNR 是从 0 开始重新计数,而 NR 不会)。

NF:表示浏览记录的域的个数。

$NF:表示最后一个 Field(列),即输出最后一个字段的内容。

grep 模式匹配的命令("正则表达式"general regular expression)如下。

```
grep 'hello' <file>
#打印<file>中所有包含'hello'的行
grep:
-r 表示查找当前目录以及所有子目录
-l 表示仅列出符合条件的文件名,传给 sed 命令做替换操作
-L 列出文件内容不符合指定的范本样式的文件名称
-i 忽略字符大小写的差别
--include="*.[ch]" 表示仅查找.c、.h 文件
```

sed 基本文本操作命令

```
sed -i 's/newstring/oldstring/g' build.xml
#修改文件内容,-i 表示在源文件基础上操作
sed -i s/"str1"/"str2"/g `grep "str1" -rl --include="*.[ch]" ./`
```

\#"`"符号为英文输入法下 Tab 键上面一个按键
\#功能:将当前目录下的所有.c、.h 文件中的 str1 字符串替换为 str2 字符串

参数解释:
-i 表示操作的是文件,''内的 grep 命令,表示将 grep 命令的结果作为操作文件。
s/"str1"/"str2"/表示查找 str1 并替换为 str2,后面跟 g 表示一行中有多个 str1 的时候,都替换,而不是仅替换第一个。

多个命令一起使用,上一个命令的输出作为下一个命令的输入,需要用到另一个非常重要的操作——管道。

echo "123" | awk '{print substr($0,1,1)}'
find ./ -name *.pdf | xargs -i cp {} ../docbook_pdf/
find ./ -name *.txt | xargs rm
ls ./rinex/ *.15o | wc -l

另外,把一个命令的输出结果写入到一个文件的操作如下:
">"写入文件(文件存在则覆盖以前的内容,文件不存在则生成新的文件)。
">>"将内容追加到已存的文件中。

第九节 环境变量

用户经常使用的工具或者经常输入的命令都可以让计算机(操作系统)记录下,下次再用的时候,用户期望能快速找到或者输入,这样可以大大提高效率。环境变量就能够满足用户的这个需求。

在 Linux 下面安装(编译)了一个程序,只有在程序安装目录下面或者带完整的路径名才能识别这个程序名称,这样使用起来非常不方便,因此手动安装软件以后第一步就是要添加环境变量。

$HOME
\#用户的主目录
$PATH
\#包含程序的目录列表
$SHELL
\#用户默认 shell
printenv
\#打印环境变量信息

终端启动的时候，系统会默认 Shell 的环境配置文件，通常这个配置文件是在家目录下面隐藏起来的(home 文件夹，Ctrl＋H 可以显示出来)。bash 的环境配置文件为.bashrc，csh/tcsh 的环境配置文件为.cshrc(如果 home 目录下不存在.cshrc 文件,可以新建一个)。

下面是 GAMIT/GLOBK 安装以后的不同 Shell 的配置,读者可提前了解一下,暂时不需要手动添加,后面安装软件时详细介绍。

sh/bash(e.g. ～/.bash_profile,～/.bashrc or ～/.profile)：

```
gg='/Users/Mike/Programs/gg/10.61'
PATH="$gg/com：$gg/gamit/bin：$gg/kf/bin：$PATH" && export PATH
HELP_DIR="$gg/help/" && export HELP_DIR
INSTITUTE='MIT' && export INSTITUTE
```

csh/tcsh(e.g. ～/.cshrc)：

```
set gg = '/Users/Mike/Programs/gg/10.61'
setenv PATH "$gg/com：$gg/gamit/bin：$gg/kf/bin：$PATH"
setenv HELP_DIR "$gg/help/"
setenv INSTITUTE 'MIT'
```

参考文献

包晗,邰贺.应用GAMIT-GLOBK软件进行高精度GPS控制网解算[J].全球定位系统,2012,37(4):80-82.

毕继鑫,田林亚,李国琴,等.高速铁路CP0框架控制网GAMIT解算结果与IGS站的选取研究[J].铁道标准设计,2019,63(3):34-37.

曹炳强,成英燕,许长辉,等.间距分区法在解算卫星连续运行站数据中的应用[J].测绘通报,2016(11):15-17.

陈瑶.基于GAMIT的不同频率载波相位观测数据之间的线性组合模型研究[J].科技创新导报,2018,15(14):51-52.

傅彦博,赵龙平,孙付平,等.天线相位中心偏差对GPS周年性系统误差的影响分析[J].测绘科学技术学报,2018,35(3):240-244+249.

傅咏冬.基于地铁控制网的广州市新CORS系统静态检测分析[J].测绘与空间地理信息,2018,41(5):80-82.

高旺,高成发,潘树国,等.基于广播星历的GAMIT基线解算方法及精度分析[J].测绘工程,2014,23(8):54-57.

高旺,高成发,潘树国,等.基于快速星历的GAMIT高精度基线解算研究[J].测绘科学,2015,40(2):22-25+38.

耿涛,赵齐乐,刘经南,等.基于PANDA软件的实时精密单点定位研究[J].武汉大学学报(信息科学版),2007,32(4):312-315.

郭俊义.负荷勒夫数渐近表达式的直接证明[J].地球物理学报,2000,43(4):515-512.

郭敏.精密星历类型对实时长距离差分动态定位的影响分析[J].全球定位系统,2017,42(5):49-52.

胡明成.现代大地测量学的理论及其应用[M].北京:测绘出版社,1993.

黄剑飞.基于GAMIT/GLOBK的城市测绘基准维护及其质量检查[J].矿山测量,2018,46(5):89-92.

黄立人,符养.GPS连续观测站的噪声分析[J].地震学报,2007,29(2):197-202.

黄立人.GPS基准站坐标分量时间序列的噪声特性分析[J].大地测量与地球动力学,2006,26(2):31-33.

黄焱,田林亚,白云,等.GNSS坐标时间序列噪声特征分析[J].全球定位系统,2014,39(4):16-20+25.

匡团结.高速铁路CP0数据处理中对流层参数估计分析[J].北京测绘,2018,32(10):

1192-1196.

李兵,成英燕,于男,等.密集型 CORS 站的高精度基线解算方案研究[J].测绘通报,2014(10):50-53.

李建涛,朱兰艳,李永梅,等.基于 GAMIT 的不同参数对北斗长基线精度的影响分析[J].全球定位系统,2018,43(5):23-28.

李强,游新兆,杨少敏,等.中国大陆构造变形高精度大密度 GPS 监测——现今速度场[J].中国科学(D 辑):地球科学,2012,42(5):629-632.

李星光,郑南山.参数设置对高精度 GPS 数据解算的影响探讨[J].测绘科学,2015,40(1):33-37+51.

李哲,陈洋,王春阳,于建龙.IGS 快速精密星历与事后精密星历解算精度分析[J].经纬天地,2018(3):72-76.

刘经南,施闯,许才军,等.利用局域复测 GPS 网研究中国大陆块体现今地壳运动速度场[J].武汉大学学报(信息科学版),2001,26(3):189-195.

刘经南,许才军,宋成骅,等.青藏高原中东部地壳运动的 GPS 测量分析[J].地球物理学报,1998,41(4):518-524.

刘明波,申恩昌.基于 GAMIT 和 COSAGPS 软件的 GNSS 控制网数据处理[J].西北水电,2018(6):41-43.

刘邢巍,蒲德祥,高翔,等.基于 GAMIT10.61 的高精度 GPS/BDS 数据处理及精度对比分析[J].全球定位系统,2018,43(5):77-83.

刘邢巍,席瑞杰.GNSS 变形监测网短基线时间序列噪声特性分析[J].大地测量与地球动力学,2019,39(4):404-409.

刘彦军,李建章,刘江涛,等.新版 GAMIT10.70 解算 GPS/BDS 基线精度对比分析[J].导航定位学报,2019,7(2):138-142.

刘洋洋,党亚民,许长辉.测站点近似坐标精度对 GNSS 测站解算的影响分析[J].导航定位学报,2018,6(3):82-86.

刘洋洋,党亚民,许长辉.基于 GAMIT 对国家 GNSS 基准站进行的北斗基线解算分析[J].测绘工程,2019,28(3):25-29.

刘志鹏,盖增喜.利用多台阵压缩传感方法反演尼泊尔 Mw7.9 地震破裂过程[J].地球物理学报,2015,58(6):1891-1899.

刘宗强,党亚民,何涛,等.IGS 站的选取对陆态网解算精度的影响[J].测绘工程,2017,26(9):28-31.

马飞虎,饶志强,孙喜文,等.GAMIT/GLOBK 软件在高精度 GPS 数据处理中的应用[J].北京测绘,2017(4):19-22+27.

马飞虎,孙喜文,贺小星.基于 GAMIT 的 IGS 站基线可靠性处理与分析[J].华东交通大学学报,2018,35(4):124-132.

马俊,姜卫平,邓连生,等.GPS 坐标时间序列噪声估计及相关性分析[J].武汉大学学报(信息科学版),2018,43(10):1451-1457.

明锋.GPS 坐标时间序列分析研究[D].郑州:战略支援部队信息工程大学,2018.

牛洪柳.GAMIT 中不同卫星星历对 GNSS 点位坐标解算的影响[J].铁道勘察,2018,44(6):43-46.

牛之俊,马宗晋,陈鑫连,等.中国地壳运动观测网络[J].大地测量与地球动力学,2002,22(3):88-93.

牛之俊,王敏,孙汉荣,等.中国大陆现今地壳运动速度场的最新观测结果[J].科学通报,2005,50(8):839-840.

綦伟,金伟,张磊,等.在 VMware 虚拟机及 Ubuntu 环境下安装 GAMIT/GLOBK[J].网络安全技术与应用,2018(5):18-19.

沈正康,王敏,甘卫军,等.中国大陆现今构造应变率场及其动力学成因研究[J].地学前缘,2003,10(S1):93-100.

舒颖,贺小星,花向红,等.GPS 单日解序列解算策略性能分析[J].测绘科学,2018,43(6):7-12.

帅玮祎,董绪荣,王军,等.GNSS 接收机数据质量及常见问题分析[J].测绘工程,2018,27(4):14-20+28.

谭阳涛,岳建平.基于超快速星历的 GAMIT 高精度基线解算研究[J].地理空间信息,2019,17(3):75-78+10.

唐江森,曲国庆,苏晓庆.山东 CORS 基准站坐标时间序列噪声分析[J].测绘科学,2016,41(10):63-68.

田云锋,沈正康,李鹏.连续 GPS 观测中的相关噪声分析[J].地震学报,2010,32(6):696-704.

王方超,吕志平,刘春鹤,等.一种全面的 CORS 性能测试方法[J].全球定位系统,2019,44(1):68-75.

王健,刘宗强,朱亚兵.不同解算策略下的 GNSS 区域网平差分析[J].导航定位学报,2018,6(1):97-102.

王健,许安安,周伯烨.顾及共模误差的大区域 GPS 网坐标时间序列噪声分析[J].测绘通报,2018(4):6-9+56.

王健峰,张明.GAMIT/COSA GPS 在郑州市地铁五号线中的应用[J].全球定位系统,2015,40(3):67-69+76.

王俊峰.基于移动 GNSS 基准站的点位坐标解算分析[J].测绘与空间地理信息,2018,41(6):44-46.

王录爽,李森.双系统平台下 GAMIT/GLOBK10.60 安装与使用[J].全球定位系统,2017,42(2):113-116+120.

王敏,沈正康,董大南.非构造形变对 GPS 连续站位置时间序列的影响和修正[J].地球物理学报,2005,48(5):1045-1052.

王琪,游新兆,王文颖,等.跨喜马拉雅的 GPS 观测与地壳形变[J].大地测量与地球动力学,1998(3):43-50.

王树东,万军.不同星历的 GAMIT 高精度基线解算[J].导航定位学报,2018,6(1): 103-107.

王学,饶雄.起算点坐标精度对高速铁路 CP0 框架网 GAMIT 基线解算结果的影响研究[J].铁道勘察,2019,45(3):20-25.

王振辉,李富强,林韬,等.GAMIT 软件在天线高处理中的关键应用[J].地理空间信息,2015,13(5):50-52+8.

魏子卿.完全正常化缔合勒让德函数及其导数与积分的递推关系[J].武汉大学学报(信息科学版),2016,41(1):27-36.

夏斌.GAMIT 和 CosaGPS 数据处理在工程中的运用[J].地理空间信息,2015,13(6): 118-120+14.

项伟,王园,高永攀.基于快速精密星历的 GPS 高精度数据处理应用分析[J].工程勘察,2019,47(5):64-67.

徐东彪,刘豪杰,范朋飞,等.精密星历与广播星历下 C 级 GPS 网解算精度分析[J].全球定位系统,2019,44(2):103-109.

许昌.IGS 站点坐标时间序列噪声特性与季节性变化分析[J].测绘学报,2019,48(4):535.

薛慧艳,独知行,李胜春,等.基于 GAMIT 的 IGS 跟踪站网基线解算[J].全球定位系统,2012,37(1):32-34.

薛加乐,侯刚栋,陈向阳,等.基于 Gamit/Globk Matlab Tools 的 CORS 站变化规律反演分析[J].数字技术与应用,2019,37(2):67-69.

杨登科,安向东.基于 GAMIT 的 GPS 基线解类型分析[J].测绘地理信息,2016,41(5):25-28.

杨登科.多余长基线对高精度 GPS 数据解算的影响分析[J].全球定位系统,2018,43(1):81-84.

杨文锋.不同 ITRF 框架下对 GNSS 数据处理的结果分析[J].测绘通报,2015(S1):91-95.

于龙昊,丁克良,周命端,等.基于 GAMIT-北斗的基线解算方法与实践[J].黑龙江工程学院学报,2019,33(1):30-35.

翟文博,周义炎,杨剑,等.基于 Linux 系统的 GAMIT 与 BERNESE 表文件及观测值文件自动下载研究[J].现代测绘,2016,39(1):17-20.

张贝,程惠红,石耀霖.2015 年 4 月 25 日尼泊尔 Ms8.1 大地震的同震效应[J].地球物理学报,2015,58(5):1794-1803.

张飞鹏,董大南,程宗颐,等.利用 GPS 监测中国地壳的垂向季节性变化[J].科学通报,2002,47(18):1370-1377.

张海东,程广义,陈永祥,等.GAMIT 在虚拟机系统中的安装与使用[J].全球定位系统,2012,37(5):91-95.

张良镜,金双根,冯贵平.GPS、GRACE 和水模型估计地表水垂直负荷形变[C].中国地球物理学会年会.2011.

张双成,王倩怡,刘奇,等.BDS精密相对定位精度的GAMIT分析[J].测绘科学,2018,43(12):92-97.

张旭,许力生.利用视震源时间函数反演尼泊尔Ms8.1地震破裂过程[J].地球物理学报,2015,58(6):1881-1890.

张勇,许力生,陈运泰.2015年尼泊尔Mw7.9地震破裂过程:快速反演与初步联合反演[J].地球物理学报,2015,58(5):1804-1811.

赵国强,任霓.基于GAMIT/GLOBK的GPS数据处理平台搭建[J].测绘地理信息,2016,41(1):37-42.

赵亚平,田亮,周巍.超快速星历在高等级控制网中的应用[J].地理空间信息,2013,11(2):125-126+132+12.

周命端,王瑞玲,丁克良,等.高精度CORS站网自动化批处理与质量评估方法研究[J].北京测绘,2017(S1):20-25.

朱文耀,黄立人.利用GPS技术监测青藏高原地壳运动的初步结果[J].中国科学,1997,27(5):385-389.

中国大陆构造环境监测网络[EB/OL]. http://www.neiscn.org/.

http://www.ngs.noaa.gov/ANTCAL/.

Agnew D C. The time-domain behavior of power-law noises[J]. Geophysical research letters, 1992, 19(4): 333-336.

Dach R, Hugentobler U, Fridez P, et al. Bernese GPS software version 5.0[J]. Astronomical Institute, University of Bern, 2007, 640: 114.

Davis J L, Elósegui P, Mitrovica J X, et al. Climate-driven deformation of the solid Earth from GRACE and GPS[J]. Geophysical Research Letters, 2004, 31(24):357-370.

Davis J L, Prescott W H, Svarc J L, et al. Assessment of Global Positioning System measurements for studies of crustal deformation[J]. Journal of Geophysical Research Atmospheres, 1989, 941(B10):13 635-13 650.

Davis J L, Wernicke B P, Bisnath S, et al. Subcontinental-scale crustal velocity changes along the Pacific-North America plate boundary[C]. AGU Fall Meeting. AGU Fall Meeting Abstracts, 2006.

Different ocean-tide models are available [EB/OL]. http://www.oso.chalmers.se/~loading/.

Dixon T H, Gonzalez G, Lichten S M, et al. Preliminary determination of Pacfic-North America relative motion in the southern Gulf of Calfornia using the Global Positioning System[J]. Geophysical Research Letters, 1991, 18(5):861-864.

Dixon T H. An introduction to the global positioning system and some geological applications[J]. Reviews of Geophysics, 1991, 29(2):249-276.

Dong D, Fang P, Bock Y, et al. Anatomy of apparent seasonal variations from GPSderived site position time series[J]. Journal of Geophysical Research Atmospheres, 2002, 107(B4):ETG 9-1—ETG 9-16.

Dong D, Fang P, Bock Y, et al. Spatiotemporal filtering using principal component analysis and Karhunen-Loeve expansion approaches for regional GPS network analysis[J]. Journal of Geophysical Research Atmospheres, 2006, 111(B3):1581-1600.

Dong D, Herring T A, King R W. Estimating regional deformation from a combination of space and terrestrial geodetic data[J]. Journal of Geodesy, 1998, 72(4): 200-214.

Duan, X.J., et al. On the postprocessing removal of correlated errors in GRACE temporal gravity field solutions[J]. Journal of Geodesy, 2009,83(11):1095-1106.

Fan W, Shearer P M. Detailed rupture imaging of the 25 April 2015 Nepal earthquake using teleseismic P waves[J]. Geophys Res Lett, 2015,42:5744-5752.

Farrell W E. Deformation of the Earth by surface loads[J]. Reviews of Geophysics & Space Physics, 1972, 10(3):761-797.

Feigl K L, Agnew D C, Bock Y, et al. Space geodetic measurement of crustal deformation in central and southern California, 1984—1992[J]. Journal of Geophysical Research: Solid Earth, 1993, 98(B12): 21 677-21 712.

Feigl K L, King R W, Jordan T H. Geodetic measurement of tectonic deformation in the Santa Maria Fold and Thrust Belt, California[J]. Journal of Geophysical Research Atmospheres, 1990, 95(B3):2679-2699.

Feigl K, Rabaute T. The displacement field of the Landers earthquake mapped by radar interferometry[J]. Nature,1993,364:138-142.

Fu Y, Freymueller J T. Seasonal and long-term vertical deformation in the Nepal Himalaya constrained by GPS and GRACE measurements [J]. Journal of Geophysical Research Solid Earth, 2012, 117(B3):487-497.

Gregorius T. Gipsy-Oasis II: How It Works[J]. Scribd Com, 1996, 75(10):86.

Hao M, Freymueller J T, Wang Q, et al. Vertical crustal movement around the southeastern Tibetan Plateau constrained by GPS and GRACE data[J]. Earth & Planetary Science Letters, 2016, 437(5107):1-8.

Heki K, Miyazaki S, Tsuji H. Silent fault slip following an interplate thrust earthquake at the Japan Trench[J]. Nature, 1997, 386(6625):595-598.

Herring T A, King R W, McCluskey S C. Introduction to GAMIT/GLOBK, release 10.4[M]. Massachusetts Institute of Technology,Cambridge. 2015.

Hudnut K W. Earthquake geodesy and hazard monitoring[J]. Reviews of Geophysics, 1995, 33(33):249-255.

Koper K D, Hutko A R, Lay T, et al. Frequency-dependent rupture process of the 2011 Mw 9.0 Tohoku earthquake: Comparison of short-period P wave backprojection images and broadband seismic rupture models[J]. Earth Planets Space, 2011, 63:599-602.

Langbein J, Johnson H. Correlated errors in geodetic time series: Implications for time-dependent deformation[J]. Journal of Geophysical Research: Solid Earth, 1997, 102(B1): 591-603.

Langbein J, Wyatt F, Johnson H, et al. Improved stability of a deeply anchored geodetic monument for deformation monitoring[J]. Geophysical Research Letters, 1995, 22(24):3533-3536.

Larson K M, Freymueller J T, Philipsen S. Global plate velocities from the GlobalPositioning System [J]. Journal of Geophysical Research Atmospheres, 1997, 102 (B5): 9961-9981.

Lindsey E O, Natsuaki R, Xu X, et al. Line-of-sight displacement from ALOS-2 interferometry: Mw 7.8 GorkhaEarthquake and Mw 7.3 aftershock[J]. Geophys Res Lett, 2015, 42:6655-6661.

Mao A, Harrison C G A, Dixon T H. Noise in GPS coordinate time series[J]. Journal of Geophysical Research: Solid Earth, 1999, 104(B2): 2797-2816.

Miura S, Sato T, Tachibana K, et al. Strain accumulation in and around Ou Backbone Range, northeastern Japan as observed by a dense GPS network[J]. Earth Planets & Space, 2002, 54(11):1071-1076.

Miyazaki S. Establishment of the nationwide GPS array (GRAPES) and its initial results on the crustal deformation of Japan[J]. Bulletin- Geographical Survey Institute (Tokyo), 1996, 42:27-41.

Márquez-Azúa B, Demets C. Crustal velocity field of Mexico from continuous GPS measurements, 1993 to June 2001: Implications for the neotectonics of Mexico[J]. Journal of Geophysical Research Atmospheres, 2003, 108(B9):149-169.

Nikolaidis R. Observation of geodetic and seismic deformation with the Global Positioning System[J]. Cancer Research, 2002, 71(8 Supplement):714-714.

Okuwaki R, Yagi Y, Hirano S. Relationship between high-frequency radiation and asperity ruptures, revealed by hybrid back-projection with a non-planar fault model[J]. Sci Rep, 2014, 4:1-6.

Penna N T, King M A, Stewart M P. GPS height time series: Short-period origins of spurious long-period signals [J]. Journal of Geophysical Research, 2007, 112 (B2): 1074-1086.

Prawirodirdjo L, Ben-Zion Y, Bock Y. Observation and modeling of thermoelastic strain in Southern California Integrated GPS Network daily position time series[J]. Journal of Geophysical Research Solid Earth, 2006, 111(B2):428-432.

Ray J, Z Altamimi X, Collilieux, et al. Anomalous harmonics in the spectra of gps position estimates[J]. GPS Solution, 2008, 12(1):55-64.

Segall P, Davis J L. GPS applications for geodynamics and earthquake studies[J]. Annual Review of Earth & Planetary Sciences, 1997, 25(6):301-36.

Shen Y, Li W, Xu G, et al. Spatiotemporal filtering of regional GNSS network's position time series with missing data using principle component analysis[J]. Journal of Geodesy, 2013, 88(1):1-12.

Shen Z K, Ge B X, Jackson D D, et al. Northridge Earthquake Rupture Models Based on the Global Positioning System Measurements[J]. Bulletin of the Seismological Society of America, 1996, 86(1):37-48.

Swenson, S. and J. Wahr, Methods for inferring regional surface-mass anomalies from Gravity Recovery and Climate Experiment (GRACE) measurements of time-variable gravity[J]. Journal of Geophysical Research: Solid Earth (1978—2012), 2002,107(B9): p. ETG 3-1—ETG 3-13.

Swenson, S. and J. Wahr, Post-processing removal of correlated errors in GRACE data[J]. Geophysical Research Letters, 2006, 33(8).

Swenson, S., D. Chambers and J. Wahr, Estimating geocenter variations from a combination of GRACE and ocean model output[J]. Journal of Geophysical Research: Solid Earth (1978—2012), 2008,113(B8).

Tesmer V, Steigenberger P, Dam T V, et al. Vertical deformations from homogeneously processed GRACE and global GPS long-term series[J]. Journal of Geodesy, 2011, 85(5):291-310.

Tian Y, Shen Z. Extracting the regional common-mode component of GPS station position time series from dense continuous network[J]. Journal of Geophysical Research Solid Earth, 2016, 121(S1-4):55-72.

Tregoning P, Watson C. Atmospheric effects and spurious signals in GPS analyses[J]. Journal of Geophysical Research Solid Earth, 2009, 114(B9):5493-5511.

Tsuji H, Hatanaka Y, Sagiya T, et al. Coseismic crustal deformation from the 1994 Hokkaido-Toho-Oki Earthquake Monitored by a nationwide continuous GPS array in Japan [J]. Geophysical Research Letters, 1995, 22(13):1669-1672.

UNAVCO Data Archive Interface [EB/OL]. http://www.unavco.org/highlights/2015/nepal.html

USGS (2015), http://earthquake.usgs.gov/earthquakes

USGS Earthquake Hazards Program event summary [EB/OL]. http://earthquake.usgs.gov/earthquakes/eventpage/us20002926#general_summary

Vandam T M, Blewitt G, Heflin M B. Atmospheric pressure loading effects on Global Positioning System coordinate determinations[J]. Journal of Geophysical Research Solid Earth, 1994, 99(B12):23 939-23 950.

Wang Q, Zhang PZ, Freymueller JT, et al. Present-day crustal deformation in China constrained by global positioning system measurements.[J]. Science, 2001, 294(5542):

574－580.

Williams S D P, Bock Y, Fang P, et al. Error analysis of continuous GPS position time series[J]. Journal of Geophysical Research: Solid Earth, 2004, 109(B3).

Williams S D P. CATS: GPS coordinate time series analysis software[J]. GPS solutions, 2008, 12(2): 147－153.

Wyatt F K, Bolton H, Bralla S, et al. New designs of geodetic monuments for use with GPS[J]. Eos Trans. AGU, 1989, 70: 1054－1055.

Yu S B, Hsu Y J, Kuo L C, et al. GPS measurement of postseismic deformation following the 1999 Chi-Chi, Taiwan, earthquake[J]. Journal of Geophysical Research, 2003, 108(B11):183－183.

Zhang J, Bock Y, Johnson H, et al. Southern California Permanent GPS Geodetic Array: Error analysis of daily position estimates and site velocities[J]. Journal of Geophysical Research: Solid Earth, 1997, 102(B8): 18 035－18 055.

Zou R, Wang Q, Freymueller J T, et al. Seasonal Hydrological Loading in Southern Tibet Detected by Joint Analysis of GPS and GRACE.[J]. Sensors, 2015, 2015(15): 30 525－30 538.

Zou R, Freymueller J T, Ding K, et al. Evaluating Seasonal Loading Models and their Impact on Global and Regional Reference Frame Alignment[J]. Journal of Geophysical Research Solid Earth, 2014, 119(2):1337－1358.

Árnadóttir T, Jiang W, Feigl K L, et al. Kinematic models of plate boundary deformation in southwest Iceland derived from GPS observations[J]. Journal of Geophysical Research: Solid Earth, 2006, 111(B7).

Zhou Changjie, Mao Jiuchang, Wang Hongyao, et al. Site selection and data processing of GNSS receiver calibration networks based on TEQC and GAMIT[J]. Global Geology, 2019,22(2):121－127.